高职高专建筑工程类专业"十三五"规划教材
GAOZHI GAOZHUAN JIANZHUGONGCHENGLEI ZHUANYE SHISANWU GUIHUA JIAOCAI

建筑材料检测实训指导书与实训报告

JIANZHUCAILIAOJIANCESHIXUNZHIDAOSHUYUSHIXUNBAOGAO

◎主　编　王四清
◎副主编　贺安宁　欧阳和平　龚建红

U0332039

中南大学出版社
www.csupress.com.cn

前 言 PREFACE

　　本实训指导书与实训报告为高职高专建筑工程类专业"十三五"规划（基于专业技能培养）教材《建筑材料与检测》配套用书。

　　材料检测是建筑工程施工过程中质量控制的一个重要环节，材料及制品的检测报告又是工程质量验收的重要依据，因此，加强学生对建筑材料的质量检测的实训，是建筑材料教学过程中培养学生职业技能必不可少的环节。

　　本实训指导书与实训报告以实用为宗旨，结合"建筑材料中、高级试验工"职业资格取证和工程施工质量控制的要求，参照现行国家和行业有关材料及制品的质量检测标准、规范、规程编写而成。书中详细介绍了岩土、水泥、混凝土用砂与石子、普通混凝土、砌筑砂浆、建筑用钢筋、砌墙砖与砌块、沥青与沥青混合料的物理力学性能检测及回弹法检测结构混凝土抗压强度的检测样品的处置方法、检测方法原理、检测仪器设备的要求与操作、检测记录的填写、检测结果的计算与处理及检测报告的要求，基本涵盖了岩土工程、钢筋混凝土工程、砌筑工程、沥青混凝土工程的施工质量控制内容，以加强学生对常用主要建筑材料的质量检测及验收能力的培养，为今后的工作奠定坚实的基础。

　　本实训指导书中的实训内容较多，具体实施过程中，可根据不同专业的需要和教学大纲的要求，有选择性地进行。

编　者

学生实训守则

1. 进入实训室后必须按指定位置就位，组长清点本组人员后，报告老师。

2. 保持实训室的安静、整洁，不得吵闹喧哗、随地吐痰及乱丢杂物，与实训无关的物品不得带入实训室。

3. 老师未讲解实训要求和操作要点前，不得随意动用实训器材，老师讲解本次实训要求及操作要点后，组长核对本组实训器材是否相符。

4. 组长组织本组人员，按规定程序认真操作，正确测量和记录各项实训数据，认真观察各种现象，并进行分析与计算。

5. 实训过程中，不得乱接电源或拆卸仪器，禁止使用与本实训无关的器材，各组仪器及用品不得任意调换。

6. 随时注意安全，如发生仪器故障或事故时，应立即停止实训，有电源的立即切断电源，并报老师处理。

7. 凡不按操作规程进行实训，损坏仪器设备或实训器材的，一律按规定赔偿，情节严重者，除赔偿外，还须上报给予相应处分。

8. 实训完毕，将实训结果交老师初步审查，符合要求后，组长组织本组人员将本组实训器材及桌面清洗干净并整理好，经老师清点确认后方能离开。

9. 实训全部结束后，由班长安排学生将实训室卫生清扫干净。

目 录 CONTENTS

技能训练一　岩土物理力学性能检测

能力目标与课时安排

☆ 掌握岩石抗压强度试件的制作、养护及强度测定方法。

☆ 掌握土样的界限含水率、颗粒级配筛分析、击实试验的试验方法。

☆ 完成相应记录与报告，并根据试验结果对岩石的强度进行评定，对土的类别及最大干密度与最佳含水率的确定。

☆ 课时安排：6 课时。

任务1　岩石单轴抗压强度检测

1. 目的

将天然岩石试样按相关标准的规定，加工成立方体或圆柱体标准试件，测定其在饱水和干燥状态下的抗压强度值，并通过检测结果对其强度和耐水性进行评定，为设计和施工提供参考使用依据。

2. 检测依据

2.1　《工程岩体试验方法标准》GB/T 50266—1999

2.2　《铁路工程岩石试验规程》TB 10115—1998

2.3　《公路工程岩石试验规程》JTG E41—2005

3. 仪器设备

3.1　自动岩石切割机：见图1－1。

3.2　岩石取芯机：见图1－2。

3.3　自动岩石双端面磨平机：见图1－3。

3.4　压力试验机：见图1－4。精度等级为1%，其量程应能使试件的预期破坏荷载值在全量程的20%~80%范围内。

图1－1　自动岩石切割机

图1－2　岩石取芯机

图1－3　自动岩石双端面磨平机

图1－4　压力试验机

3.5　游标卡尺：分度值为 0.02 mm。

3.6　其他：烘干箱、水槽、沸煮箱或真空保水器。

4. 试件制作

试件可用岩石取芯机或岩石切割机从岩芯或岩块上制取。在采集岩样和制备试件时，应避免产生人为裂隙。

4.1 试件尺寸

（1）作为建筑地基持力层的岩石抗压强度试验，试件直径 $\phi = (50 \pm 2)$ mm，高度与直径之比为2.0。

（2）作为砌体工程的石材(如片石、料石)以及用于加工碎石用的母岩的抗压强度试验，可采用圆柱体或立方体试件，其直径或边长为 (50 ± 2) mm，高度和直径(或边长)之比为1.0。

（3）试件尺寸精度要求。试件两端面不平整度误差应≤0.05 mm；沿试件高度直径的误差应≤0.3 mm；端面应垂直于试件轴线，最大偏差应≤0.25°。

4.2 试件数量

（1）用于加工碎石的母岩的抗压强度试验为1组6个，其他则为1组3个。

（2）对于有明显层理的岩石，应分别取平行和垂直层理的试件各1组。

4.3 试件含水状态

试件含水状态可根据需要选择天然含水状态(应用塑料薄膜包裹好，防止水分流失)、烘干状态(在烘干箱中烘干)、饱水状态(在水槽中浸泡48 h或用真空保水器真空保水8 h或在水中沸煮4 h)或其他含水状态(根据设计要求确定)。

4.4 试件描述

（1）岩石名称、颜色、矿物成分、结构风化程度、胶结物性质等。

（2）加荷方向与岩石试件内层理、节理、裂隙的关系及试件加工中出现的问题。

（3）含水状态及所使用的方法。

5. 抗压强度测定

5.1 测量试件的尺寸，并编号填于记录表。

5.2 将试件置于压力试验机承压板中心，调整球形座使试件两端面接触均匀。

5.3 以每秒0.5～1.0 MPa的速率加荷直至破坏，记录破坏荷载及加载过程中出现的现象。

5.4 试验结束后应描述试件的破坏形态。

6. 检测结果整理

6.1 单个岩石试件单轴抗压强度按式(1-1)计算，计算结果保留三位有效数字：

$$f = \frac{F}{A} \times 1000 \qquad\qquad (1-1)$$

式中：f——岩石单轴抗压强度，MPa；

F——试件破坏荷载，kN；

A——试件受压截面积，mm^2。

6.2 岩石单轴抗压强度的确定

（1）取3个(或6个)试件抗压强度的算术平均值作为该岩石的抗压强度值。

（2）当3个测值中最大值与最小值之差超过其平均值的20%时，则应另取1个试件，并在4个试件中取最接近的3个测值的平均值作为该岩石的抗压强度值，同时在报告中将4个测值全部给出。

（3）当 6 个试件中有 2 个试件的抗压强度值与其他 4 个试件抗压强度的平均值相差 3 倍以上时，则取试验结果相近的 4 个试件抗压强度的算术平均值作为该岩石的抗压强度值。

（4）对于具有明显层理的岩石，应以垂直于层理和平行于层理的抗压强度平均值作为其抗压强度值。

6.3　岩石的软化系数 K_R 按式（1-2）计算，计算结果精确至 0.01：

$$K_R = \frac{f_w}{f_d} \tag{1-2}$$

式中：f_w——饱水状态下岩石单轴抗压强度，MPa；

f_d——烘干状态下岩石单轴抗压强度，MPa。

任务2　土的界限含水率试验

1. 目的和适用范围

利用液塑限联合测定仪测定土的液限和塑限，计算土的塑性指数和液性指数，用以划分土的类别，为设计和施工提供参考使用依据。本方法适用于有机质含量不大于总土质量 5% 的粘性土和石粉。

2. 试验依据

2.1　《土工试验方法标准》GB/T 50123—1999

2.2　《公路土工试验规程》JTG E40—2007

2.3　《铁路工程土工试验规程》TB 10102—2010

3. 仪器设备

3.1　液塑限联合测定仪：见图 1-5。圆锥仪型号应根据不同行业要求选用，见表 1-1。

3.2　电子天平：称量 500~1000 g，分度值不大于 0.01 g。

3.3　电热烘干箱：带恒温控制系统。

3.4　其他：土样筛（圆孔筛筛网孔径为 0.5 mm）、调土刀、调土皿、称量盒、研钵（附带橡皮头的研杵或橡皮板、木棒）、干燥器、吸管、凡士林等。

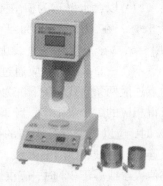

图 1-5　数显液塑限联合测定仪

表 1-1　液塑限的规定

圆锥仪质量/g	锥角/(°)	试样尺寸/mm		液限锥入深度 h_L/mm			塑限锥入深度 h_p/mm
		内径	高度	国标、铁路、水利	公路	建筑地基基础设计	
76	30	40	30~40	17.0 或 10.0	17.0	10.0	2.0
100	30	50	40~50	—	20.0	—	按公式计算

注：《公路土工试验规程》规定采用 100 g 圆锥仪时，其 h_p 根据所测液限按公式 $h_p = w_L/(0.524w_L - 7.606)$（细粒土）或 $h_p = 29.6 - 1.22w_L + 0.017w_L^2 - 0.0000744w_L^3$（砂类土）计算确定。

4. 试样处置

取有代表性的天然含水量或风干土样进行试验。如土中含大于 0.5 mm 的土粒或杂物时，应将风干土样用带橡皮头的研杵研碎或用木棒在橡皮板上压碎，过 0.5 mm 的筛。取 0.5 mm 筛下的代表性土样200 g，分开放入3个盛土皿中，加不同数量的蒸馏水，试样的含水量分别控制在液限、略大于塑限和二者的中间状态。用调土刀调匀，盖上湿布，放置18 h以上。

5．试验步骤

5.1 试样制备。将其中一制备好的土样充分搅拌均匀，分层装入盛土杯，用力压密，使空气逸出。对于较干的土样，应先充分搓揉，用调土刀反复压实。装满后用调土刀刮平。

5.2 根据测定方法，选择合适的圆锥仪(76 g或100 g)。

5.3 仪器调零。接通电源，将圆锥仪向上推，使电磁铁吸住圆锥仪，按"复位"键使读数窗数字显示为0.00。

5.4 测试。在圆锥上抹一薄层凡士林，将试样杯放在液塑限联合测定仪的升降台座上，调整台座升降旋钮，使圆锥尖刚好接触试样表面，此时接触指示灯被点亮，然后按"测量"键，圆锥仪将自由落下沉入试样中，经5 s后，记录圆锥仪下沉深度(显示在屏幕上)。

5.5 试样含水率测定。取出试样杯，挖去锥尖入土处的凡士林，取锥体附近的试样不少于10 g，放入称量盒内，称量后放入电热烘箱内烘干或采用酒精燃烧法测定其含水率。

将其他制备好的试样按上述步骤分别测定第二点、第三点的圆锥下沉深度及相应的含水率。液塑限联合测定应不少于3点。

注：圆锥入土深度宜为3~4 mm，7~9 mm，15~17 mm。

6．试验结果整理

6.1 图解法

（1）以含水率w为横坐标，圆锥入土深度h为纵坐标，在双对数坐标纸上绘制关系曲线见图1-6，3个点应在一直线上，如图中A线。当3个点不在一直线上时，应通过高含水率的点和其余两点连成两条直线，在下沉为h_p(塑限入锥深度)处求得相应的2个含水率，当2个含水率的差值小于2%时，应以2个点含水率的平均值与高含水率的点连成一直线，如图中B线，当2个点的含水率的差值大于或等于2%时，应重做试验。

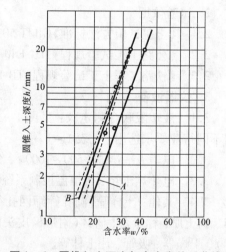

图1-6　圆锥入土深度与含水率关系曲线

（2）在含水率与圆锥下沉深度的关系图上求得下沉深度为17 mm、10 mm(圆锥仪质量为76 g)或20 mm(圆锥仪质量为100 g)所对应的含水率为液限w_L，下沉深度为2 mm(圆锥仪质量为76 g)或h_p(圆锥仪质量为100 g)所对应的含水率为塑限w_p，以百分数表示，精确至0.1%。

6.2 一元线性回归分析法

将圆锥仪沉入试样深度在4~20 mm范围内，且圆锥仪沉入各试样的深度相差2~3 mm制备5~6个试样，按上述试验方法测得圆锥仪沉入试样中的不同深度h_i所对应的不同含水率w_i，然后根据所测入锥深度值h_i和相应的含水率值w_i计算回归方程，再将规定的液、塑限入锥深度值代入回归方程，从而求得相应的液、塑限值。具体计算方法参照配套教材《建筑材料与检测》模块一中的知识四的"一元线性回归分析"，或利用计算机Excel电子表格计算。

注：测定精度需通过计算线性相关系数γ来检验，γ在0.9~1之间方为有效。

7. 计算塑性指数和液性指数

7.1 塑性指数 I_P 按式（1-3）计算，精确至整数：

$$I_P = w_L - w_P \tag{1-3}$$

式中：w_L——土的液限，%；

w_P——土的塑限，%。

7.2 液性指数 I_L 按式（1-4）计算，精确至整数：

$$I_L = (w - w_p)/I_p \tag{1-4}$$

式中：w——土的天然含水率，%。

任务3 土的颗粒级配筛分析试验

1. 目的和适用范围

通过对土颗粒进行筛分析，计算各粒组含量及土颗粒不均匀系数和曲率系数，用以划分土类和分析土颗粒级配情况，为设计和施工提供参考使用依据。本试验方法适用于分析粒径小于或等于 60 mm、大于 0.075 mm 的土颗粒组成。

2. 试验依据

试验依据同前面"任务2 土的界限含水率试验"。

3. 仪器设备

3.1 标准筛（圆孔筛）：粗筛筛网孔径分别为 60 mm、40 mm、20 mm、10 mm、5 mm、2 mm；细筛筛网孔径分别为 2 mm、1 mm、0.5 mm、0.25 mm、0.075 mm。

3.2 电子天平：称量 5000 g，分度值不大于 0.1 g。

3.3 摇筛机：顶击式摇筛机，见图 1-7。

3.4 电热烘干箱：带恒温控制系统。

3.5 其他：毛刷、面盆、铁桶、不锈钢盘、木碾、研钵、带

图 1-7 顶击式摇筛机

橡皮头的杵、钢丝刷等。

4. 试样处置

从风干、松散的土样中，用四分法（将土样拌匀后，摊成厚度为 60 mm 厚的圆饼，然后沿互相垂直的两条直径把圆饼分成大致相等的四份，取其中对角线的两份重新拌匀，再堆成圆饼状，重复上述过程，直至把样品缩分到试验所需量为止）取出具有代表性的试样，试样数量应符合表 1-2 的规定。

表 1-2 取样数量

土颗粒最大粒径/mm	<2	<10	<20	<40	<60
取样数量/g	100～300	300～1000	1000～2000	2000～4000	4000 以上

5. 试验步骤

5.1 对于无粘聚性土

（1）根据土样的最大颗粒粒径按表 1-2 规定称取试样，准确至 0.1 g，然后将试样分批过 2 mm 筛。

（2）将 >2 mm 的试样按筛网孔径从大到小的次序，依次通过 >2 mm 的各级粗筛。将留在筛上的土分别称量，准确至 0.1 g，并作好记录。

（3）若 ≤2 mm 的土数量过多，可用四分法缩分至 100 ~ 800 g。将试样按筛网孔径从大到小的次序，依次通过 <2 mm 的各级细筛。可用摇筛机进行震摇，震摇时间一般为 10 ~ 15 min。

（4）由最大孔径的筛开始，顺序将各筛取下，在白纸上用手轻叩摇晃，至每分钟筛下数量不大于该级筛余质量的 1% 为止。漏下的土粒应全部放入下一级筛内，并将留在各筛上的土样用软毛刷刷净，分别称量，准确至 0.1 g，并作好记录。

注：①筛后各级筛上和筛底的筛余质量的总和与筛前试样质量之差应 ≤1%，否则，试验无效。

②若 ≤2 mm 的土颗粒不超过试样总质量的 10%，可省略细筛分析；若 >2 mm 的土颗粒不超过试样总质量的 10%，可省略粗筛分析。

5.2 对于含有粘土粒的砂砾土

（1）将土样放在橡皮板上，用木碾将粘结的土团充分碾散，拌匀、烘干，然后根据土样的最大颗粒粒径按表 1 – 2 规定称取试样，准确至 0.1 g。若土样过多时，用四分法称取有代表性的土样。

（2）将试样置于盛有清水的铁桶中，浸泡并搅拌，使粗细颗粒分散。

（3）将浸润后的混合液过 2 mm 筛，边冲边洗过筛（通过 2 mm 筛下的混合液存放在另一铁桶中），直至筛上仅留 >2 mm 以上的土粒为止。然后，将筛上洗净的砂砾烘干称量，并进行粗筛分析。

（4）待通过 2 mm 筛下的混合液稍沉淀后，将上部悬液过 0.075 mm 洗筛，用带橡皮头的杵研磨桶内浆液，再加清水，搅拌、研磨、静置、过筛，反复进行，直至桶内悬液澄清。最后，将全部土粒倒在 0.075 mm 筛上，用水冲洗，直到筛上仅留 >0.075 mm 的净砂为止。

（5）将 >0.075 mm 的净砂烘干称量，准确至 0.1 g，并进行细筛分析。

6. 结果计算与整理

6.1 将洗前试样的总质量减去 >2 mm 及 2 ~ 0.075 mm 的颗粒质量，即为 ≤0.075 mm 颗粒的质量。如果 ≤0.075 mm 颗粒的质量超过总土质量的 10%，有必要时，将这部分土烘干、取样，另做比重计或移液管分析。

6.2 按式（1 – 5）计算小于某粒径颗粒质量百分率（通过率），精确至 1%：

$$X = \frac{m_A}{m_B} \times 100\% \tag{1-5}$$

式中：X——小于某粒径颗粒的质量百分数，%；

m_A——小于某粒径的颗粒质量，g；

m_B——试样的总质量，g。

6.3 当 <2 mm 的颗粒如用四分法缩分取样时，试样中小于某粒径的颗粒质量占总土质量的百分数按式（1 – 6）计算，精确至 1%：

$$X = \frac{m_a}{m_b} \times P \tag{1-6}$$

式中：m_a——粒径 <2 mm 的试样中小于某粒径的颗粒质量，g；

m_b——筛分析时所取粒径 <2 mm 的试样质量，g；

P——粒径 <2 mm 的试样质量占总土质量的百分数，%。

6.4 在半对数坐标纸上，以小于某粒径的颗粒质量百分数为纵坐标，以粒径（mm）为横坐标,绘制颗粒大小分布曲线(见图1-8),求出各粒组的颗粒质量百分数(%),以整数表示。

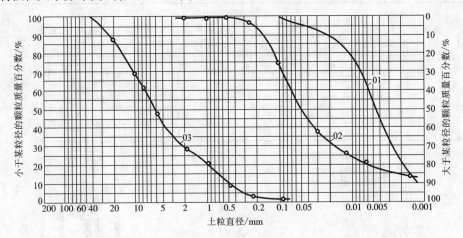

图1-8　土颗粒分布曲线

6.5　按式(1-7)计算土颗粒不均匀系数 C_u,精确至0.1:

$$C_u = \frac{d_{60}}{d_{10}} \qquad (1-7)$$

式中:d_{60}——限制粒径,即土中小于该粒径的颗粒含量为60%的粒径,mm;

$\quad\quad d_{10}$——有效粒径,即土中小于该粒径的颗粒含量为10%的粒径,mm。

6.6　按式(1-8)计算曲率系数 C_c,精确至0.1:

$$C_c = \frac{d_{30}^2}{d_{10} \cdot d_{60}} \qquad (1-8)$$

式中:d_{30}——颗粒分布曲线上,土中小于该粒径的颗粒含量为30%的粒径,mm。

任务4　土的击实试验

1. 目的和适用范围

本试验通过测定土样在标准击实功作用下,土样含水率与干密度之间的关系,确定土样的最大干密度和最佳含水率,为设计和施工提供参考使用依据。本方法适用于土颗粒最大粒径不超过40 mm的各种土。

2. 试验依据

试验依据同前面"任务2　土的界限含水率试验",并应根据行业的要求选用合适的试验方法。

3. 仪器设备

3.1　标准击实仪:电动或手动,见图1-9(a)、1-9(b)。击实试验方法和相应设备的主要参数应符合表1-3的规定。

3.2　脱模器:手动或电动。见图1-9(c)。

3.3　烘箱及干燥器。

3.4　电子天平:称量10 kg,分度值不大于1 g;称量500~1000 g,分度值不大于0.01 g。

表1-3　击实试验方法选用

试验方法	类别	锤底直径/mm	锤质量/kg	落高/mm	试筒尺寸			层次	每层击数/次	标准	最大粒径/mm
					内径/mm	高/mm	容积/cm³				
重型	Ⅱ-1	50	4.5	450	100	127	997	5	27	公路标准	20
	Ⅱ-2				152	120	2177	3	98		40
重型	Z1	51	4.5	457	102	116	947.4	5	25	国家标准铁道标准	5
	Z2				152	116	2103.9	5	56		20
	Z3				152	116	2103.9	3	94		40

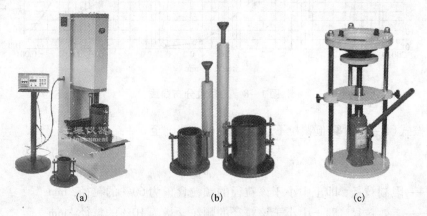

图1-9　击实仪与脱模器

(a)电动击实仪;(b)手动击实仪;(c)手动脱模器

3.5　圆孔筛:孔径40 mm、20 mm、5 mm各1个。

3.6　拌和工具:400 mm×600 mm×(深)70 mm的金属盘、土铲。

3.7　其他:喷水器具、碾土器、盛土盘、量筒、修土刀、铝盒、塑料袋等。

4. 试样制备

根据土的性质(含易击碎风化石数量多少,含水率高低),按表1-4规定选用干土法或湿土法。各方法可按表1-4准备试料。

表1-4　试料用量

使用方法	类别	试筒内径/mm	最大粒径/mm	试样个数/个	每个试样用料量/kg
干土法试样不重复使用	b	100	20	5~6	3.0
		152	40		6.0
湿土法试样不重复使用	c	100	20		3.0
		152	40		6.0

4.1　干土法(土不重复使用)

将具有代表性的风干或在50℃温度下烘干的土样放在橡皮板上,用圆木棍碾散,然后过不同孔径的筛(视粒径大小而定)。按四分法至少准备5个试样(每个试样用土量见表1-4),分别加入不同水分(按2%~3%含水率递增),拌匀后闷料一昼夜备用。

4.2　湿土法(土不重复使用)

对于高含水率的土,可省略过筛步骤,用手拣除大于38 mm的粗石子即可。保持天然含水率的第一个土样,可立即用于击实试验。其余几个试样,将土分成小土块,分别风干,使含水率按2%~3%递减。

5. 试验步骤

5.1 将击实筒放在坚硬的地面上,取制备好的土样,按选定的击实方法(见表1-3)和规定的击实层数(3或5层),将土样分层倒入筒内,整平表面,并稍加压紧,然后按规定的击数进行第一层土的击实,击实时击锤应自由垂直落下,锤迹必须均匀分布于土样面。

5.2 第一层击实完后,将试样层面用小刀"拉毛",然后重复上述方法进行其余各层土的击实。

注:①采用重型Ⅱ-1或Z1(小试筒):试样分5层击实,每层需试样用量应使击实后的土样层厚等于或略高于筒高的1/5(约400~500 g,具体根据土的类别而定);②采用重型Ⅱ-2或Z3(大试筒):试样分3层击实,每层需试样用量应使击实后的土样层厚等于或略高于筒高的1/3(约1700 g,具体根据土的类别而定);③击实完毕后,小试筒的试样不应高出筒顶面5 mm;大试筒的试样不应高出筒顶面6 mm。

5.3 用修土刀沿套筒内壁削刮,使试样与套筒脱离后,扭动并取下套筒,齐筒顶细心削平试样,拆除底板,擦净筒外壁,称量试筒与试筒内试样的总质量。

5.4 用脱模器推出筒内试样,并从试样中心处取样测其含水率,计算精确至0.1%。测定含水率用试样的数量按表1-5规定。两个试样含水率测定结果的平行差要求:当含水率 $w \leqslant 5\%$ 时,其平行差应 $\leqslant 0.3\%$;当含水率 $w \leqslant 40\%$ 时,其平行差应 $\leqslant 1\%$;当含水率 $w > 40\%$ 时,其平行差应 $\leqslant 2\%$。

表1-5 测定含水率用试样的数量

最大粒径/mm	<5	约5	约19	约38
试样质量/g	15~20	约50	约250	约500
试样个数/个	2	1	1	1

5.5 按上述步骤进行其他含水率试样的击实试验。

6. 结果整理

6.1 按式(1-9)计算击实后不同含水率试样的湿密度,精确至0.01 g/cm³:

$$\rho = (m_2 - m_1)/V \qquad (1-9)$$

式中:ρ——试样的湿密度,g/cm³;

m_1——试筒的质量,g;

m_2——试样与试筒的总质量,g;

V——试筒的容积,cm³。

6.2 按式(1-10)计算击实后试样的含水率 w,精确至0.1%:

$$w = \frac{m_3 - m_4}{m_4 - m_5} \times 100\% \qquad (1-10)$$

式中:m_3——烘干前,湿试样与试样盒的总质量,g;

m_4——烘干后,干试样与试样盒的总质量,g;

m_5——试样盒的质量,g。

6.3 按式(1-11)计算击实后不同含水率试样的干密度 ρ_d,精确至0.01 g/cm³:

$$\rho_d = \frac{\rho}{1 + 0.01w} \qquad (1-11)$$

6.4 以干密度 ρ_d 为纵坐标，含水率 w 为横坐标，绘制 $\rho_d - w$ 的关系曲线，见图 1-10，曲线上峰值点的纵、横坐标分别为最大干密度 ρ_{dmax} 和最佳含水率 w_0。若曲线不能给出明显的峰值点，应进行补点或重做。

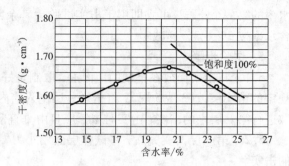

图 1-10　$\rho_d - w$ 关系曲线

6.5 按式（1-12）计算空气体积等于零（即饱和度为 100%）时的等值线，并将这根线绘在含水率与干密度的关系图上，以供比较，见图 1-10。

$$w_{max} = \left(\frac{\rho_w}{\rho_d} - \frac{1}{G_s} \right) \times 100\% \qquad (1-12)$$

式中：ρ_w——水在 4℃时的密度，取 1 g/cm³；

G_s——试样比重，对于粗粒土，则为土中粗、细颗粒的混合比重 G_{sm}。

6.6 土颗粒的混合比重 G_{sm} 按式（1-13）计算，精确至 0.01：

$$G_{sm} = \frac{1}{\dfrac{P_1}{G_{S1}} + \dfrac{P_2}{G_{S2}}} \qquad (1-13)$$

式中：G_{s1}——粒径 >5 mm 的土颗粒比重（用浮称法测定）；

G_{s2}——粒径 ≤5 mm 的土颗粒比重（用比重瓶法或虹吸管法测定）；

P_1——粒径 >5 mm 的土颗粒质量占试样总质量的百分数，%；

P_2——粒径 ≤5 mm 的土颗粒质量占试样总质量的百分数，%。

6.7 当试样中有粒径 >40 mm 颗粒时，应先取出 <40 mm 颗粒，并求得其百分率 P，把小于 40 mm 部分作击实试验，按下面公式分别对试验所得的最大干密度和最佳含水率进行校正（适用于粒径 <40 mm 颗粒的含量小于 30% 的土）。

最大干密度按式（1-14）校正：

$$\rho'_{dmax} = \frac{1}{\left(\dfrac{1 - 0.01P}{\rho_{dmax}} \right) + \dfrac{0.01P}{G'_s}} \qquad (1-14)$$

式中：ρ'_{dmax}——校正后的最大干密度；g/cm³；

ρ_{dmax}——用粒径小于 40 mm 的土样试验所得的最大干密度，g/cm³；

P——试料中粒径大于 40 mm 颗粒的百分数，%；

G'_s——粒径大于 40 mm 颗粒的毛体积比重，计算至 0.01。

最佳含水率按式（1-15）校正：

$$w'_0 = w_0 (1 - 0.01P) + 0.01Pw_a \qquad (1-15)$$

式中：w'_0——校正后的最佳含水率，%；

w_0——用粒径小于 40 mm 的土样试验所得的最佳含水率，%；

P——试料中粒径大于 40 mm 颗粒的百分数，%；

w_a——粒径大于 40 mm 颗粒的吸水率，%。

任务5　检测记录的整理

检测记录表见"实训记录与报告"第1～4页。

技能训练二 水泥物理指标检测

能力目标与课时安排

☆ 掌握水泥检测样品的处置方法。

☆ 掌握水泥颗粒细度、标准稠度用水量、凝结时间、安定性及胶砂抗折、抗压强度的检测方法。

☆ 完成相应记录与报告，并根据检测结果判定水泥物理指标是否符合现行国家有关标准的要求。

☆ 课时安排：4课时。

任务1 水泥检测样品的处置

将每一检验批中所取水泥单样通过0.9 mm方孔筛，充分混合均匀后，用四分法均分为试验样和封存样。试验样用于水泥出厂质量检验；封存样用于复验仲裁检验（封存样应贮存于干燥、通风的环境中，贮存时间不少于3个月）。

任务2 水泥细度的检测

水泥细度可用边长为80 μm或45 μm方孔筛的筛余质量百分率来表示，也可用比表面积来表示。筛析法适用于矿渣硅酸盐水泥、火山灰质硅酸盐水泥、复合硅酸盐水泥、粉煤灰硅酸盐水泥以及指定用此方法的其他水泥和粉状料；比表面积法适用于测定硅酸盐水泥、普通硅酸盐水泥以及适合采用本方法的比表面积在200~600 m²/kg的其他粉状物料（如矿粉等），但不适用于测定多孔材料及超细粉状物料。

一、水泥细度的检测——负压筛析法

1. 方法原理

本方法是采用负压筛析仪和80 μm（或45 μm）方孔筛，通过负压源产生的恒定气流，在规定筛析时间内，使试验筛内的水泥达到筛分，用筛上筛余物的质量百分数来表示水泥样品的细度。为保持筛孔的标准度，在用试验筛应用已知筛余的标准样品进行标定。

2. 检测依据

2.1 国家标准：《水泥细度检验方法 筛析法》GB/T 1345—2005

2.2 交通行业标准：《公路工程水泥及水泥混凝土试验规程》JTG E30—2005

3. 仪器及材料要求

3.1 负压筛：方孔筛，筛网孔径为80 μm或45 μm。

3.2 负压筛析仪：见图2–1。由筛座、负压源及收尘器组成。

3.3 天平：分度值不大于0.01 g。

3.4 标准试样：水泥细度和比表面积用荧石粉标准样品。

3.5 其他：毛刷、盛样盘等。

4. 检测步骤

图 2-1 负压筛析仪

4.1 将负压筛清理干净后放在负压筛析仪的筛座上，盖上筛盖，并将筛析时间设定为 120 s，启动筛析仪，调节负压至 4000～6000 Pa，检查控制系统的运行是否正常。在以后的试验中均应保持该负压和时间不变。

注：当负压筛析仪工作负压小于 **4000 Pa** 时，应清理负压源中滤布上的和废粉收集瓶中的水泥灰，使负压恢复正常。

4.2 称取经处置的水泥试样 m(80 μm 筛为 25.00 g；45 μm 筛为 10.00 g)，置于负压筛中，盖上筛盖，启动筛析仪连续筛析 120 s。在此期间若有试样附着在筛盖或筛壁上，可轻轻地敲击，使试样落下。

4.3 筛毕，称取试验筛上的筛余物质量 W(g)，同时作好记录。

4.4 按上述方法再做一次。

5. 结果整理

5.1 水泥细度按式(2-1)计算，精确至 0.1%。

$$F_c = C \times \frac{W}{m} \times 100\% \qquad (2-1)$$

式中：F_c——经修正后的水泥细度，%；

C——试验筛的修正系数。

5.2 结果处理：每个试样需同时进行两次测定，取两次测定结果的算术平均值作为最终结果。但当两次测定结果相差 >0.3% 时应再进行一次测定，并取接近的两次测定结果的算术平均值作为最终结果。

6. 试验筛的标定

6.1 将烘干并冷却至室温的标准试样装入干燥洁净的广口瓶中，盖上瓶盖摇动 2 min 后，用干燥洁净的搅拌棒搅拌均匀。

6.2 按水泥试样检验方法进行称料(80 μm 筛为 25.00 g；45 μm 筛为 10.00 g)、筛析。

6.3 按式(2-2)计算试验筛的修正系数，精确至 0.01。

$$C = 0.01F_S \times \frac{m_1}{m_2} \qquad (2-2)$$

式中：F_S——标准试样的标准筛余百分率，%(包装瓶标签上已标明)；

m_1——筛析前，称取的标准试样的质量 g；

m_2——筛毕，试验筛上筛余物的质量 g。

6.4 结果处理：同水泥试样检验结果处理。

注：①修正系数 C 超出 **0.80～1.20** 的试验筛不能用作水泥细度检验；②负压筛必须经常保持洁净，筛孔通畅。使用 10 次后需用专用清洁剂进行清洗，用淡水冲净、晾干后再使用，或重新标定；③试验筛每使用 100 次后需要重新标定；④试验筛标定完后，应及时将试验筛的修正系数及标定日期用标签纸贴于被标筛上，以便检验人员使用。

二、水泥比表面积的检测——勃氏法

1. 方法原理

勃氏透气仪法主要是根据一定量的空气通过具有一定空隙率和固定厚度的试料层时，所受阻力不同而引起流速的变化来测定试料的比表面积。在一定空隙率的水泥层中，孔隙的大小和数量是颗粒粒径的函数，同时也决定了通过料层的气流速度，从而可以此用来衡量试料颗粒的粗细。

2. 检测依据

2.1 国家标准：《水泥比表面积测定方法　勃氏法》GB/T 8074—2008

2.2 交通行业标准：《公路工程水泥及水泥混凝土试验规程》JTG E30—2005

3. 仪器及材料要求

3.1 电热恒温干燥箱：同前。

3.2 电子天平：分度值不大于 0.001 g。

3.3 勃氏透气仪及相关器材：手动或自动，由透气圆筒、压力计、抽气装置等三部分组成，见图 2-2。

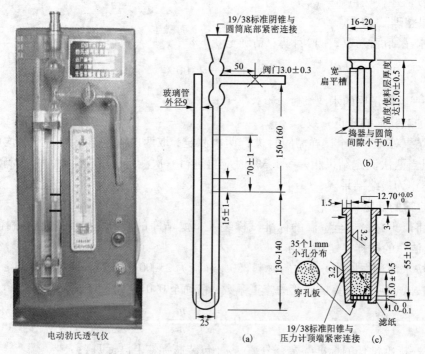

图 2-2　电动勃氏透气仪与 U 形压力计示意图
(a) U 形压力计；(b) 捣器；(c) 透气圆筒

3.4 圆形滤纸：符合国标的中速定量滤纸。直径应与透气圆筒内径一致。

3.5 其他器具：秒表、干燥器、毛刷、温度计等。

3.6 基准材料：采用中国水泥质量监督检验中心制备的标准试样（水泥细度和比表面积标准粉）。

3.7 试剂：水银（分析纯）。

14

4. 环境要求

试验室的相对湿度应≤50%；温度与标定时的温差应≤3℃。

5. 仪器校准

5.1　气密性检查

将透气圆筒上口用橡皮塞塞紧，在透气圆筒外周涂上少许凡士林，插入压力计顶端锥形磨口处，旋转两周。关闭气阀，开启抽气泵，然后慢慢开启气阀，从压力计一臂中抽出部分气体，使其水位上升适当高度，再关闭气阀，观察压力计内的水位是否发生变化，若水位稳定不变，表明系统气密性能良好。

5.2　试料层体积的标定

（1）将金属多孔板放入透气圆筒内（凸面朝上），然后将两片圆形滤纸放入透气圆筒内，并用专用捣棒往下按，直到滤纸平整放在金属多孔板上，再将透气圆筒置于筒座上。

（2）向透气圆筒内注满水银，用一小块薄玻璃板轻压水银表面，使水银面与圆筒口平齐，并确保在玻璃板和水银表面之间没有气泡或空洞存在。

（3）从圆筒中倒出水银，称量水银质量 m_1（g），同时作好记录。重复几次测定，直到数值基本不变为止。

（4）从圆筒中取出一片滤纸，将适量的水泥（约3.3 g）装入圆筒，并轻敲圆筒，使水泥层表面平坦，然后用捣器均匀捣实试料（制成坚实的水泥层），直至捣器的支持环紧紧接触圆筒顶边，旋转两周，然后慢慢取出捣器。再在试料层表面放入一片滤纸，然后向圆筒内注满水银，盖上玻璃片除去气泡后倒出圆筒内的水银并称量水银质量 m_2（g），同时作好记录。重复几次，直到水银称量值相差 <0.05 g 为止。同时记录试验室的温度。

注：在制作坚实的水泥层时，水泥用量一定要足够，最好是稍过量，然后再进行调整。因为水泥用量不够时，捣器的支持环也能紧紧接触圆筒顶边，但此时试料层并未充满和捣实，试料层的体积实际会偏小，从而导致测定结果不正确。

（5）透气圆筒内试料层体积 V 按式（2-3）计算，精确至 0.005 cm^3：

$$V = \frac{m_1 - m_2}{\rho_{水银}} \qquad (2-3)$$

式中：$\rho_{水银}$——校准温度下水银的密度，g/cm^3，见表2-1。

表2-1　不同温度下水银的密度及空气粘度表

室温/℃	水银密度/(g·cm^{-3})	空气粘度 η/(Pa·s)	室温/℃	水银密度/(g·cm^{-3})	空气粘度 η/(Pa·s)
16	13.56	0.0001788	22	13.54	0.0001818
18	13.55	0.0001798	24	13.54	0.0001828
20	13.55	0.0001808	26	13.53	0.0001837

6. 透气时间测定

6.1　试样处置

（1）标准试样：将在（110±5）℃下烘干并在干燥器中冷却至室温的标准试样倒入100 mL的密闭瓶内，用力摇动2 min，将结块成团的试样振碎，使试样松散。静置2 min后，打开瓶盖，轻轻搅拌，使在松散过程中落到表面的细粉分布到整个试样中。

（2）水泥试样：应先通过0.9 mm方孔筛过筛，再将筛下的试样在（110±5）℃下烘干，并在干燥器中冷却至室温并拌匀。

6.2 透气层空隙率 ε 的确定

（1）标准试样：按出厂合格证采用（包装瓶标签上已注明）。

（2）硅酸盐水泥：空隙率采用 0.500 ± 0.005。

（3）其他水泥或粉料：空隙率采用 0.530 ± 0.005。

6.3 试样用量 m_s 的确定

每次试验需要的试样质量按式（2-4）计算，精确至 0.001 g：

$$m_s = \rho \cdot V(1-\varepsilon) \tag{2-4}$$

式中：m_s——试样的质量，g；

　　ρ——试样的密度，g/cm³；

　　V——透气圆筒内试料层的体积 [由（2-3）式求得]，cm³。

6.4 试料层的制备

将多孔板放入透气圆筒内（凸面朝上），用捣棒把一片滤纸送到多孔板上，边缘压紧。称取按式（2-4）确定的试样量 m_s 装入圆筒，轻敲圆筒的外周，使试样层表面平坦，用捣器均匀捣实试料，直至捣器的支持环紧紧接触圆筒顶边，旋转两周，然后，慢慢取出捣器，再放入一片滤纸，并用专用捣棒将滤纸捣至试料层表面。

注：当按式（2-4）计算的试样质量在圆筒的有效体积中容纳不下或经捣实后未能充满圆筒的有效体积时，则允许适当地调整空隙率。调整原则：将 2000 g 砝码（五等砝码）放在捣器上，以试样能被压实至捣器规定的位置为准。

6.5 透气试验

（1）在装有试料层的透气圆筒外周涂一薄层凡士林，然后插入压力计顶端锥形磨口处，旋转两周，保证紧密连接不致漏气，并注意不要振动所制备的试料层。

（2）关闭气阀，打开电源开关，启动微型电磁泵，然后慢慢开启气阀，从压力计一臂中抽出空气，直到压力计内液面上升到扩大部位下端时关闭气阀。

（3）当压力计内液体的凹月面下降到刻线 1 时开始计时，当液体的凹月面下降到刻线 2 时停止计时，记录液面从刻线 1 到刻线 2 时所经历的时间 T，以秒（s）记，并记录试验时试验室的温度（℃）。

7. 结果计算与处理

7.1 结果计算

当水泥试样的密度和空隙率均与标准试样不同，且测定时两者温差 ≤ ±3℃ 时，按式（2-5）计算水泥试样的比表面积 S，精确至 10 cm²/g（1 m²/kg）：

$$S = \frac{S_S \rho_S \sqrt{T}(1-\varepsilon_S)\sqrt{\varepsilon^3}}{\rho \sqrt{T_S}(1-\varepsilon)\sqrt{\varepsilon_S^3}} \tag{2-5}$$

式中：S、S_S——被测试样和标准试样的比表面积，cm²/g 或 m²/kg；

　　ε、ε_S——被测试样和标准试样试料层的空虚率；

　　T、T_S——被测试样和标准试样试料层的透气时间，s；

　　ρ、ρ_S——被测试样和标准试样的密度，g/cm³ 或 kg/m³。

注：标准试样的 S_S、ε_S、ρ_S 由包装瓶标签上查得，其余参数需经试验确定。

7.2 结果处理

水泥比表面积应由两次透气试验结果的算术平均值确定，精确至 10 cm²/g（1 m²/kg）。若两次试验结果相差 2% 以上时，应重新测定一次，取两次接近的试验结果的算术平均值作为最后结果。

任务3　水泥标准稠度用水量、凝结时间和安定性的检测

1. 方法原理

1.1　标准稠度：水泥标准稠度净浆对标准试杆（标准法）或试锥（代用法）的沉入具有一定阻力。通过试验不同含水量水泥净浆的穿透性，以确定水泥标准稠度净浆中所需加入的水量。

1.2　凝结时间：以试针沉入水泥标准稠度净浆至一定深度所需的时间来表示。

1.3　安定性：可采用标准法和代用法。标准法为雷氏夹法，它是观测装有水泥标准稠度净浆的雷氏夹的两根试针的相对位移所指示的水泥标准稠度净浆体积膨胀的程度；代用法为试饼法，它是观测水泥标准稠度净浆试饼的外形变化程度。

2. 检测依据

2.1　《水泥标准稠度用水量、凝结时间、安定性检验方法》GB/T 1346—2011

2.2　《公路工程水泥及水泥混凝土试验规程》JTG E30—2005

3. 仪器设备

3.1　水泥净浆搅拌机：行星式，见图2-3。搅拌叶与搅拌锅间的间隙为(2±1)mm。

3.2　标准法维卡仪：见图2-4。滑杆+指针+试杆（或试针）总质量为(300±1)g。

3.3　代用法维卡仪：见图2-5。滑杆+指针+试锥（或试针）总质量为(300±1)g。

图2-3　水泥净浆搅拌机

3.4　雷氏夹：由钢质材料制成。在300 g质量的砝码作用下，两根指针针尖的距离增加值 $2x=(17.5\pm2.5)$ mm，当去掉砝码后针尖的距离能恢复至挂砝码前的状态。检验方法见图2-6。

3.5　雷氏夹测定仪：见图2-6。

图2-4　标准法维卡仪　　图2-5　代用法维卡仪　　图2-6　雷氏夹、雷氏夹测定仪及刚度检验

3.6　沸煮箱：箱内所装水量，一方面能确保在(30±5)min内将水由室温升至沸腾状态，另一方面，沸煮3 h后能确保箱内的水位仍然超过试件，整个试验过程中不需补充水量。箱

内篦板的结构应不影响试验结果,篦板与加热器之间的距离应大于 50 mm。

3.7 天平:称量 5~10 kg,分度值不大于 0.1 g。

3.8 标准养护箱:能恒温在(20±1)℃,相对湿度≥90%。

3.9 其他:100 mm×100 mm×5 mm 和 80 mm×80 mm×5 mm 玻璃板、毛刷、量水器、直边刮尺、毛巾等。

4. 检测条件

4.1 试验室:温度应为(20±2)℃,相对湿度应≥50%。

4.2 水泥试样、拌和水、仪器和用具的温度应与试验室一致。

4.3 试验用水必须是洁净的饮用水,若有争议时应以蒸馏水为准。

5. 标准稠度用水量的测定

5.1 测定前的准备工作

(1)检查维卡仪的金属滑杆能否自由滑动。

(2)标准维卡仪零点调节:调整试杆底面与玻璃板接触,并调整指针对准零点,见图 2-7。

图 2-7 指针对零

(3)检查搅拌机运行是否正常。

(4)称取测定所需水泥试样 m_c =500g、水 125~145 g(具体用水量由试验确定)。

5.2 水泥净浆的拌制

(1)将搅拌锅先用拧干的湿毛巾擦拭一遍,将称好的拌和用水倒入搅拌锅内,然后在 5~10 s 内将称好的 500 g 水泥小心地加入水中,防止水和水泥溅出。

(2)用拧干的湿毛巾将搅拌机的搅拌叶擦拭一遍,将搅拌锅安装在搅拌机的锅座上,并升至搅拌位置,将搅拌模式开关拨至"自动"位置开始搅拌,搅拌机将自动完成搅拌程序[即低速搅拌 120 s,停 15 s(在停止的同时将叶片和锅壁上的水泥浆刮入锅中间),接着高速搅拌 120 s 后自动停机,搅拌完毕后控制器时间显示窗显示为 000]。

5.3 标准稠度的测定

(1)标准法

①试件制作:搅拌结束,取出搅拌锅,将直边刮尺(宽约 25 mm)、圆模及玻璃板(100 mm×100 mm×5 mm)用拧干的湿毛巾擦拭一遍后,立即将拌制好的水泥净浆一次性装满已置于玻璃板上的圆模中(直径小端朝上),浆体应超过圆模上端。用直边刮尺轻轻拍打浆体表面 5 次,以排除浆体中的孔隙,然后在圆模上表面约 1/3 处,将直边刮尺略倾斜于圆模上表面,分别向外轻轻据掉多余净浆,再从圆模边缘轻抹顶面一次,使净浆表面光滑,见图 2-8。

注:在锯割余浆和抹平的操作过程中,注意不要压实净浆。

(a) (b) (c)

图 2-8 试件制作

(a)轻拍浆体;(b)锯割余浆;(c)抹平浆面

②稠度测定：将制好的试件连同玻璃底板迅速移到维卡仪底座上，并将其中心定在试杆下，用手抓住滑杆，拧松滑杆止动螺栓，降低试杆直至与水泥净浆表面刚好接触，拧紧滑杆止动螺栓，1～2 s后，拧松滑杆止动螺栓，使试杆垂直自由地沉入水泥净浆中，30 s时拧紧滑杆止动螺栓并记录指针读数（即试杆距玻璃板面的距离），升起试杆后，立即擦净，见图2-9。

注：凡与水泥浆接触的搅拌锅、搅拌机的搅拌叶、直边刮尺、圆模、玻璃板、试杆等在使用前均应用拧干的湿毛巾擦拭一遍，以确保拌和用水不被仪器、工具吸收，且稠度测定应在搅拌后 **1.5 min** 内完成。

③标准稠度的确定：以试杆沉入净浆并距玻璃板面（6 ± 1）mm 的水泥净浆为标准稠度净浆。若未达到标准稠度，需要调整拌和用水量，重新称料搅拌，直至达到标准稠度为止。

④标准稠度用水量的计算：标准稠度用水量 P，按式（2-6）计算，精确至 0.1%：

$$P = \frac{达到标准稠度时所用的拌合水量\ m_w\,(g)}{达到标准稠度时的水泥用量\ m_c\,(g)} \times 100\% \qquad (2-6)$$

（2）代用法

①测定方法：固定水量法。即水泥用量为 500 g，用水量为 142.5 mL（或 142.5 g）。

②净浆的搅拌：同"标准法"。

③稠度测定：拌和结束后，立即将拌制好的水泥净浆装入锥模中，用宽约 25 mm 的直边刮尺在浆体表面轻轻插捣 5 次，再轻振锥模 5 次，锯掉多余的净浆，抹平后迅速放到试锥下面固定的位置上，用手抓住滑杆，松开滑杆止动螺栓，将试锥降至刚好与净浆表面接触，拧紧滑杆止动螺丝，然后调整指针对"零"，1～2 s后，松开滑杆止动螺栓，让试锥垂直自由地沉入水泥净浆中，30 s时拧紧滑杆止动螺栓并记录指针读数（即试锥下沉深度 S），见图2-10。以试锥下沉深度为（30 ± 1）mm 时的水泥净浆为标准稠度净浆。

图2-9 标准法稠度的测定

（a）稠度测定；（b）稠度测定试杆

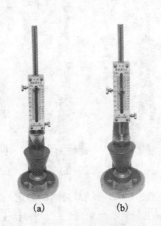

图2-10 代用法稠度的测定

（a）指针调零；（b）稠度测定

④标准稠度用水量的计算：根据测得的试锥下沉深度 S(mm) 按式（2-7）计算（或从仪器的对应标尺上直接读取），标准稠度用水量 P，精确至 0.1%：

$$P = 33.4 - 0.185 \cdot S \qquad (2-7)$$

注：标准稠度用水量的测定是否准确，将直接影响凝结时间和安定性测定的准确性。

6. 凝结时间的测定

6.1　试件的制备

以标准稠度用水量按水泥净浆的拌制方法制成标准稠度净浆，同时记录水泥全部加入水中的时刻作为凝结时间的起始时间，然后按5.3试件制作方法制作试件，并立即放入标准养护箱[箱内温度为(20±1)℃，相对湿度应≥90%)]中进行养护。

6.2　初凝时间的测定

试件在标准养护箱中养护至加水后30 min时进行第一次测定。测定时，从标准养护箱中取出试模放到试针下，用手抓住滑杆，松开滑杆固定螺栓，降低试针与玻璃板接触，调节指针对"零"，然后调节滑杆使指针与水泥净浆表面刚好接触，拧紧滑杆止动螺栓，1~2 s后，松开滑杆止动螺栓，使试针垂直自由地沉入水泥净浆，30 s时，观察指针的读数。临近初凝时每隔5 min(或更短时间)测定一次，当试针沉至距玻璃板面(4±1)mm时，为水泥达到初凝状态，同时作好记录。由水泥全部加入水中至初凝到达所经历的时间为水泥的初凝时间，以"min"表示，见图2-11。

6.3　终凝时间的测定

在完成初凝时间测定后，立即将试模连同浆体以平移的方式从玻璃板上取下，翻转180°(直径大端向上，小端向下)，放在玻璃板上，再放入标准养护箱中继续养护。换上终凝测针，临近终凝时每隔15 min(或更短时间)测定一次，当试针自水泥净浆表面垂直自由沉入试体0.5 mm(即在试体表面上只出现"○"而未见"⊙")时，为水泥达到终凝状态。由水泥全部加入水中至终凝到达所经历的时间为水泥的终凝时间，以"min"表示，见图2-12。

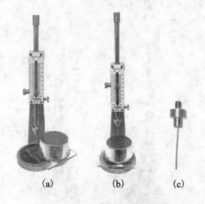

图2-11　初凝时间的测定

(a)指针调零；(b)测定；(c)初凝测针

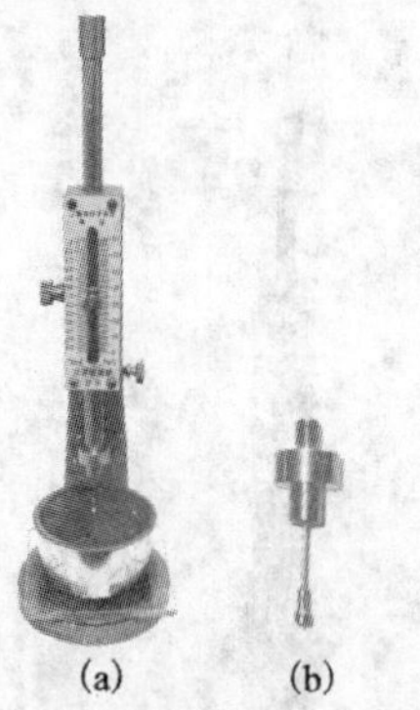

图2-12　终凝时间的测定

(a)测定；(b)终凝测针

注：①在最初测定的操作时应轻轻扶持滑杆，使其徐徐下降，以防试针撞弯，但结果以自由下落为准。②在整个测试过程中试针沉入的位置至少要距试模内壁10 mm。③临近初凝时，每隔5 min(或更短时间)测定一次，临近终凝时每隔15 min(或更短时间)测定一次，到达初凝时应立即在另一位置重复测一次，当两次结论相同时才能确定为到达初凝状态；到达终凝时需要在试体另外两个不同点测试，确认结论相同时才能确定为到达终凝状态。④每次测定不能让试针落入原针孔，每次测试完毕须将试针擦净并将试模放回湿气养护箱内，整个测试过程要防止试模受振。

7. 安定性检测

7.1　标准法——雷氏夹法

（1）测定前的准备工作

①检验雷氏夹弹性刚度是否满足规范要求(见图2-6)。

20

②将与水泥净浆接触的玻璃板(80 mm×80 mm×5 mm)和雷氏夹内表面稍稍涂上一层薄油。

（2）试件制作

将预先准备好的雷氏夹放在已稍涂油的玻璃板上，并立即将已制好的标准稠度净浆（制作凝结时间测定用的剩余净浆）一次装满雷氏夹，装浆时一只手轻轻扶持雷氏夹，另一只手用宽约25 mm的直边刮尺轻轻插捣3次，然后抹平，盖上稍涂油的玻璃板，接着立即将试件移至标准养护箱内养护，见图2–13。试件共2个。

（3）试件的沸煮

调整好沸煮箱内的水位，使能保证在整个沸煮过程中都超过试件，不需中途添补试验用水，同时又能保证在(30±5)min内升至沸腾。

试件经标准养护(24±2)h后，脱去玻璃板，取下试件，并测量雷氏夹指针尖端间的距离（A），准确至0.5 mm，见图2–14。接着将试件放入沸煮箱水中的篦板上，指针朝上，见图2–15。然后在(30±5)min内加热至沸腾并恒沸(180±5)min。沸煮结束后，立即放掉沸煮箱中的热水，打开箱盖，自然冷却至室温。

图2–13 雷氏夹试件制作　　图2–14 雷氏夹针尖距离的测量　　图2–15 雷氏夹试件的放置

（4）测量与结果评定

取出冷却至室温的试件，再次测量雷氏夹指针尖端的距离（C），准确到0.5 mm。当两个试件煮后指针尖端增加距离（C – A）的平均值≤5.0 mm时，即认为该水泥安定性合格。

当两个试件煮后指针尖端增加距离（C – A）的平均值>5.0 mm时，应用同一样品立即重做一次试验，以复验结果为准。

7.2　代用法——试饼法

（1）试饼的制作

将制备好的标准稠度净浆取出一部分，使之成球形，放在预先涂上一层薄油的100 mm×100 mm×5 mm玻璃板上，轻轻振动玻璃板，并用湿布擦过的直边刮尺由边缘向中央抹，做成直径为70~80 mm、中心厚约10 mm、边缘渐薄、表面光滑的试饼2个，见图2–16，接着立即将试饼移至标准养护箱内养护。

图2–16　试饼的制作

（2）沸煮

试件经标准养护(24±2)h后，脱去玻璃板，取下试饼，在试饼无缺陷的情况下，将试饼放在沸煮箱水中的篦板上进行沸煮，沸煮要求同"标准法"。

（3）结果判定

沸煮结束后，立即放掉沸煮箱中的热水，打开箱盖，待箱体冷却至室温，取出试件进行判别。目测试饼未发现裂缝，用钢直尺检查也没有弯曲（使钢直尺的直边和试饼底部紧靠，以两者间不透光为不弯曲）的试饼为安定性合格，反之为不合格。

当两个试饼判别结果有矛盾时，该水泥的安定性判为不合格。

注：①试件沸煮结束后，放掉箱内热水，让其自然冷却至室温，绝不允许用冷水进行冷却。②安定性的检验可用雷氏夹法，也可用试饼法，但当两种方法检验结果不一致时，仲裁试验以雷氏夹法为准。

任务4 水泥胶砂强度的检测

1. 方法概要

本方法以水泥∶砂（中国 ISO 标准砂）= 1∶3，水灰比为 0.5 拌制的一组塑性胶砂，制成40 mm×40 mm×160 mm 棱柱试件，连模一起在标准养护室中养护24 h，然后脱模，再将试件放入温度为（20±1）℃的静水中养护至强度试验龄期。到试验龄期时将试件从水中取出，先进行抗折强度试验，折断后每截再进行抗压强度试验，以此来评定水泥的强度等级。

2. 检测依据

2.1 《水泥胶砂强度检验方法（ISO 法）》GB/T 17671—1999

2.2 《公路工程水泥及水泥混凝土试验规程》JTG E30—2005

3. 检测条件

3.1 试验室：温度为（20±2）℃，相对湿度应≥50%；水泥试样、拌和水、仪器和用具的温度应与试验室一致。

3.2 恒温恒湿养护箱：温度为（20±1）℃，相对湿度应≥90%。

3.3 试件养护池：水温应在（20±1）℃范围内。

3.4 试验用水：仲裁试验或其他重要试验用蒸馏水，其他试验可用饮用水。

3.5 试验用砂：采用中国 ISO 标准砂。

4. 主要仪器设备

4.1 水泥胶砂搅拌机：行星式，见图 2-17。

4.2 钢试模：试模由三个水平的模槽组成。可同时成型40 mm×40 mm×160 mm 的棱柱体试件三条。在组装备用的干净试模时，应用黄油等密封材料涂覆试模的外接缝。试模的内表面应涂上一薄层模型油或机油。

注：当试模的任何一个公差超过规定的要求时，就应更换。

4.3 水泥胶砂振实台：见图 2-18。振幅为（15±0.3）mm；振动频率为 60 次/（60±2）s。

图 2-17 水泥胶砂搅拌机

振实台应安装在高度约 400 mm 的混凝土基座上。混凝土体积约为 0.25 m³，重约600 kg。需防外部振动影响振实效果时，可在整个混凝土基座下放一层厚约 5 mm 的天然橡胶弹性衬垫。将仪器用地脚螺丝固定在基座上，安装后设备应成水平状态，仪器底座与基座之间要铺一层砂浆以保证它们的完全接触。

4.4　播料器及括平直尺：播料器长、短各一把，见图2-19。

图2-18　水泥胶砂振实台　　　　图2-19　播料器和括平直尺

4.5　抗折强度试验机：见图2-20。能以(50±10)N/s的速率均匀地将荷载施加于试件上。

4.6　抗压强度试验用夹具：见图2-21。上、下压板宽度为(40.0±0.1)mm，长度应>40 mm；上、下压板的平面度为0.01 mm；上、下压板表面粗糙度Ra≤0.1；上压板上的球座的中心应在夹具中心轴线与上压板下表面的交点上，偏差应≤1 mm，能确保试件受压面积为40 mm×40 mm。

图2-20　抗折强度试验机　　　　图2-21　抗压夹具

4.7　恒应力压力试验机：最大荷载200~300 kN，精度不低于1%；且能以(2400±200)N/s的速率均匀地加荷直至试件破坏。

5.　胶砂强度试件的制作

5.1　胶砂配合比

每锅胶砂的材料用量见表2-2。

表2-2　每锅胶砂的材料用量

水泥品种	材料用量(g)		
	水泥	ISO标准砂	水
硅酸盐水泥	450±2	1350±5	225±1
普通硅酸盐水泥			
矿渣硅酸盐水泥	450±2	1350±5	用水量按0.50水灰比和胶砂流动度≥180 mm确定。当流动度<180 mm时，须以0.01的整倍数递增的方法将水灰比调整至胶砂流动度≥180 mm
粉煤灰硅酸盐水泥			
复合硅酸盐水泥			
火山灰质硅酸盐水泥			

5.2　配料搅拌

按表2-2规定的材料用量称量好各材料用量备用。把标准砂加入到水泥胶砂搅拌机的

23

砂料斗内，将水倒入锅内，再加入水泥，把锅安装在搅拌机固定架上，上升至固定位置，然后立即将搅拌模式开关置于"自动"档，按控制器"启动"键开始搅拌，搅拌机将自动完成搅拌程序［低速搅拌30 s后，在第二个30 s开始的同时均匀地将砂子加入，再高速搅拌30 s，然后停拌90 s(在停拌的第1个15 s内用一胶皮刮具将叶片和锅壁上的胶砂刮入锅中间)，最后再高速搅拌60 s，搅拌完毕，时间显示应为"240"］。

5.3　试件成型

（1）试模安装：将空试模和模套固定在振实台上，模套槽应与模槽对齐。见图2－22。

图2－22　试模安装与装料

（2）装料振实：将搅拌好的胶砂立即分两层装入试模，装第一层时，用长播料器垂直架在模套顶部沿每个模槽来回一次将料层播平（见图2－22），接着振实60次；再装入第二层胶砂，用短播料器播平，再振实60次。

（3）刮平：松开固紧螺母，移开模套，从振实台上取下试模，用金属刮平尺以近似90°的角度架在试模模顶的一端，沿试模长度方向以横向锯割动作慢慢向另一端移动，一次将超过试模部分的胶砂刮去，并用同一刮尺以近乎水平的情况下将试件表面抹平。

（4）试件的标识：抹平后，在试模上加字条标明班数、组别和日期，见图2－23。

6．试件的养护

（1）脱模前的处理和养护：去掉留在试模四周的胶砂。立即将作好标记的试模放入恒温恒湿标准养护箱或养护室的水平架子上，养护20～24 h后取出脱模。

注：养护过程湿空气应能与试模各边接触；养护时不应将试模放在其他试模上。

图2－23　试件的标识

（2）脱模：脱模前，用防水墨汁或油性笔在每条试件上再次进行编号和标识。脱模时应小心，由于胶砂强度较低，拆模过程应轻放、轻敲，以免损伤试件，从而影响其强度。

（3）水中养护：将做好标识的试件立即水平或竖直放在(20±1)℃的静水中养护，水平放置时刮平面应朝上。

（4）养护龄期：养护龄期是从水泥加水搅拌开始试验时算起，标准养护龄期为3 d和28 d。

注：①试件应放在不易腐烂的篦子上，并彼此间保持一定间距，以使水与试件的六个面接触。养护期间试件之间间隔或试件上表面的水深应≥5 mm；②每个养护池只能养护同一类型的水泥试件；③应随时加水保持适当的恒定水位，但不允许在养护期间全部换水；④除24 h龄期或延迟至48 h脱模的试件外，任何到龄期的试件应在试验(破型)前15 min从水中取出，擦去试件表面沉积物，并用湿布覆盖至试验结束。

7．强度测定

先将试件进行抗折强度测定，然后用折断后的棱柱体进行抗压强度测定，受压面应是试件成型时的两个侧面。

7.1　抗折强度测定

（1）仪器初始调平：在安装待测试件前，先按住加荷圆柱上的按钮，将加荷圆柱移至"零"刻度处，然后旋转平衡圆柱调节抗折仪的标尺处于水平状态。

（2）试件安装：将试件一个侧面(成型面朝向检测人员)放在水泥抗折强度试验机支撑圆

柱上，试件长轴垂直于支撑圆柱，前后、左右对齐，然后一只手轻压标尺，另一只手调节手轮，使标尺仰起一定角度，仰角大小应根据试件抗折强度的高低确定，合适的仰角是试件被折断瞬间，标尺接近水平状态(即标尺指针在"零"附近)。

（3）开机试验：接通电源，按"启动"按钮，抗折仪通过加荷圆柱以 (50 ± 10) N/s 的速率均匀地将荷载垂直地加在棱柱体相对侧面上直至折断，折断后读取破坏荷载 F_f (N)、抗折强度 R_f 值，并保持折断后的两个半截棱柱体处于潮湿状态直至抗压试验。

（4）抗折强度的计算：抗折强度 R_f 按式(2-8)计算，精确至 0.1 MPa。也可直接从抗折仪上读取。

$$R_f = \frac{3F_f \cdot L}{2b^3} \qquad\qquad (2-8)$$

式中：L——支持圆柱之间的距离(100 mm)；

b——试件正方形截面的边长(40mm)。

（5）抗折强度值的确定：以一组 3 个棱柱体抗折强度值的平均值作为试验结果。但是，当 3 个强度值中有一个超出其平均值 ±10% 时，应剔除该值后，再取余下的 2 个测定值的平均值作为抗折强度试验结果；若有 2 个强度值超出其平均值 ±10% 时，则此组试验结果无效。

7.2　抗压强度测定

（1）试件的安装：将水泥抗压强度测定的专用抗压夹具置于压力试验机承压板的中心位置，然后将折断后的半截棱柱体置于抗压夹具内，棱柱体露在压板外的部分约有 10 mm。启动试验机，以 (2400 ± 200) N/s 的速率均匀地加荷，直至半截棱柱体破坏，读取破坏荷载 F_c (kN)。

注：抗压强度的测定应在半截棱柱体的一对侧面(膜板面)上进行，受压面积为 40 mm × 40 mm。

（2）抗压强度的计算：抗压强度 R_c 按式(2-9)计算，精确至 0.1 MPa。

$$R_c = \frac{F_c}{A} = \frac{F_c}{40 \times 40} \times 1000 = 0.625 F_c \qquad\qquad (2-9)$$

（3）抗压强度值的确定：以一组 3 个棱柱体上得到的 6 个抗压强度测定值的算术平均值作为试验结果。但是，当 6 个测定值中有 1 个超出其平均值的 ±10% 时，就应剔除该值，而以剩下的 5 个测定值的平均值作为试验结果；若剩下的 5 个测定值中仍有超过其平均值 ±10% 的，则此组结果作废。

任务5　检测记录与报告的整理

检验记录与报告表见"实训记录与报告"第 5 ~ 7 页。

技能训练三　混凝土用砂、石物理性能检测

能力目标与课时安排

☆ 掌握混凝土用砂、卵(碎)石检测样品的处置方法。

☆ 掌握混凝土用砂、卵(碎)石的表观密度、堆积密度、紧密密度、含泥量、泥块含量、颗粒级配、针片状颗粒含量及压碎指标值的检测方法。

☆ 完成相应记录与报告，并根据检测结果判定砂、石质量是否符合现行国家有关标准的要求。

☆ 课时安排：4课时。

任务1　检测样品的处置

1. 处置方法

（1）分料器法

将样品在潮湿状态下拌和均匀，然后通过分料器，取接料斗中的其中两份再次通过分料器。重复上述过程，直至把样品缩分到试验所需量为止。

（2）人工四分法

①砂：将所取样品置于平板上，在潮湿状态下拌和均匀，并摊成厚度约为 20 mm 的"圆饼"状，然后沿互相垂直的两条直径把"圆饼"分成大致相等的四份，取其中对角线的两份重新拌匀，再摊成"圆饼"状，重复上述过程，直至把样品缩分到试验所需量为止。

②卵(碎)石：将所取样品置于平板上，在自然状态下拌和均匀，并堆成"锥体"状，然后沿互相垂直的两条直径把"锥体"分成大致相等的四份，取其中对角线的两份重新拌匀，再堆成"锥体"状，重复上述过程，直至把样品缩分到试验所需量为止。

注：堆积密度、紧密密度检测所用试样可不经缩分，在拌匀后直接进行检测。

2. 样品数量

单项试验的最少取样数量应符合表 3-1（石子）、表 3-2（砂）的规定。做几项检测时，若能确保试样经一项检测后不致影响另一项检测的结果，可用同一试样进行几项不同的检测。

表 3-1　每一单项检测项目所需卵(碎)石的最小取样数量　　　　　　　　　　　　/kg

序号	检测项目	最大公称粒径/mm					
		10.0	16.0	20.0	25.0	31.5	40.0
1	表观密度	8	8	8	8	12	16
2	堆积密度和紧密密度	40	40	40	40	80	80
3	含泥量及泥块含量	8	8	24	24	40	40
4	颗粒级配	8	15	16	20	25	32
5	针、片状颗粒含量	1.2	4	8	12	20	40
6	压碎值指标(10~20)mm 颗粒	20					

表 3 - 2　每一单项检测项目所需砂的最小取样数量

序号	检 测 项 目	最少取样数量/kg	序号	检 测 项 目	最少取样数量/kg
1	表观密度	2.6	4	含泥量	4.4
2	堆积密度和紧密密度	5.0	5	泥块含量	20.0
3	颗粒级配	4.4			

任务 2　表观密度的测定

1. 方法原理

本方法是依据"阿基米德定律",砂或石子浸泡于水中,其开口孔隙吸水饱和后,会排开与其体积相等的水,据此测得砂或石子的表观体积,其干质量与表观体积的比值即为其表观密度。

2. 测定依据

2.1　建筑行业标准:《普通混凝土用砂、石质量及检验方法标准》JGJ 52—2006

2.2　国家标准:《建设用砂》GB/T 14684—2011;

《建设用碎石、卵石》GB/T 14685—2011

2.3　交通行业标准:《公路工程集料试验规程》JTG E 42—2005

3. 测定环境要求

试验室的温度应保持在 15 ~ 25℃。

4. 仪器设备

4.1　电热鼓风烘箱:带温度控制系统。

4.2　电子天平:称量 10 kg,分度值不大于 0.1 g。

4.3　容量瓶:500 mL,见图 3 - 1。

4.4　广口瓶:1000 mL,并附带 100 mm × 100 mm × 5 mm 的玻璃板,见图 3 - 2。

4.5　其他:4.75 mm 方孔筛、搪瓷盘、滴管、毛刷等。

图 3 - 1　天平与容量瓶

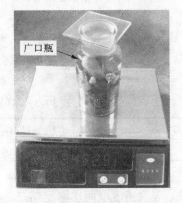

图 3 - 2　天平与广口瓶

5. 测定步骤

5.1　砂的表观密度测定——标准法(容量瓶法)

（1）将所取试样筛除大于 4.75 mm 颗粒后缩分至约 660 g，放入烘箱中于（105 ± 5）℃下烘干至恒量，待冷却至室温后，分为大致相等的两份备用。

（2）称取烘干砂样 300 g（m_0）备用。

（3）将 500 mL 容量瓶注纯水至刻度处（液面的凹月面与刻度所在水平面相切），塞紧瓶塞，擦干瓶外水分，称取"瓶 + 水 + 瓶塞"的总质量 m_1（g），并测量容量瓶中水的温度，同时作好记录。

（4）倒出容量瓶中的大部分水（瓶内保留约 200 mL 水），然后，将事先称好的 m_0（g）砂样用专用漏斗小心地全部装入容量瓶中，再注入纯水至接近 500 mL 刻度处，塞紧瓶塞，用手旋转摇动容量瓶，使砂样充分摇动，排除气泡，静置 24 h 后，用滴管小心加水至容量瓶 500 mL 刻度处，塞紧瓶塞，擦干瓶外水分，称取"瓶 + 水 + 砂样 + 瓶塞"的总质量 m_2（g），并测量容量瓶中水的温度，同时作好记录。

（5）倒出瓶内水和试样，洗净容量瓶后，按上述方法再重复做一次。

5.2 卵（碎）石的表观密度测定——简易法（广口瓶法）

（1）称取大于 4.75 mm 的烘干石样 1000 g（m_0）左右备用。

（2）将 1000 mL 广口瓶注满纯水，直至水面凸出瓶口边缘，然后用玻璃板沿瓶口迅速滑行，使其紧贴瓶口水面（从玻璃片上方观察，瓶中无气泡），擦干瓶外水分后，称取"水 + 瓶 + 玻璃板"的总质量 m_1（g），并测量广口瓶中水的温度，同时作好记录。

（3）倒出广口瓶中约 1/3 的水，然后，将广口瓶倾斜，将事先称好的 m_0（g）石样小心地沿瓶壁全部装入瓶中，再注满纯水，静置 24 h 后，再向瓶内注水，直至水面凸出瓶口边缘，然后用玻璃板沿瓶口迅速滑行，使其紧贴瓶口水面（从玻璃板上方观察，瓶中无气泡），擦干瓶外水分后，称取"水 + 瓶 + 石样 + 玻璃板"的总质量 m_2（g），并测量广口瓶中水的温度，同时作好记录。

（4）倒出瓶内水和试样，洗净瓶后，按上述方法再重复做一次。

注：测定过程中水温相差不应超过 2℃，且应在 15 ~ 25℃范围内。

6. 结果计算与处理

6.1 砂、石的表观密度 ρ_0 按式（3 – 1）计算，精确至 10 kg/m³：

$$\rho_0 = \left(\frac{m_0}{m_0 + m_1 - m_2} - \alpha \right) \times 1000 \qquad (3 - 1)$$

式中：α——水温对表观密度影响的修正系数，g/cm³。见表 3 – 3。

表 3 – 3　不同水温下表观密度影响的修正系数

水温/℃	15	16	17	18	19	20	21	22	23	24	25
α/（g·cm⁻³）	0.002	0.003	0.003	0.004	0.004	0.005	0.005	0.006	0.006	0.007	0.008

6.2 表观密度取两次测定结果的算术平均值，精确至 10 kg/m³；如果两次测定结果之差大于 20 kg/m³，须重新测定，然后取两次接近的测定结果的平均值作为最后结果。

任务3　堆积密度及紧密密度的测定

1. 方法原理

本方法是利用一已知容积的容量筒来量测砂、石等颗粒材料在堆积状态和振实状态下的堆积体积和紧密体积，然后用其风干质量与体积计算出其堆积密度和紧密密度。

2. 测定依据

测定依据同"表观密度的测定"。

3. 仪器设备

3.1　电热鼓风烘箱：带温度控制系统。

3.2　电子天平：称量10 kg，分度值不大于0.1 g。

3.3　电子台秤：称量100 kg，分度值不大于50 g。

3.4　容量筒：圆形，容积为1 L、20 L的各一个。

3.5　方孔筛：孔径为4.75 mm的筛一只。

3.6　垫棒：φ10×200 mm、φ25×500 mm的圆钢各一根。

3.7　其他：直尺、漏斗、料勺、铁锹、搪瓷盘、毛刷等。

4. 测定步骤

4.1　堆积密度的测定

（1）砂的堆积密度

①将取回的砂样在烘箱中于(105±5)℃下烘干至恒量，待冷却至室温后，筛除大于4.75 mm的颗粒，分为大致相等的两份备用(试样数量见表3-2)。

②取砂样一份，用专用漏斗或料勺将试样从容量筒(1 L容量筒)中心上方50 mm处徐徐倒入，让试样以自由落体落下(加料过程应防止触动容量筒)，当容量筒上部试样呈锥体，且容量筒四周溢满时，即停止加料。

③用直尺沿筒口中心线垂直向两边刮平后，称取试样和容量筒的总质量 m_1(g)。

④倒出试样，再称取容量筒的质量 m_2(g)。

⑤按上述方法重复做一次。

注：在刮平过程中，由于粗颗粒的影响，使得筒内砂样表面出现沟槽时，可用适量细砂补平。

（2）石子的堆积密度

①将取回的石样在烘箱中于(105±5)℃下烘干至恒量或在地面上自然风干，拌匀后分为大致相等的两份备用(试样数量见表3-1)。

②取试样一份，用铁锹将试样从20 L容量筒的筒口中心上方50 mm处徐徐倒入，让试样以自由落体落下(加料过程应防止触动容量筒)，直至装满。

③目测并用手拣去凸出容量筒口表面的颗粒，并以合适的颗粒填入凹陷部分，使表面稍凸起部分和凹陷部分的体积大致相等，称取试样和容量筒的总质量 m_1(g)。

④倒出试样，称取容量筒的质量 m_2(g)。

⑤按上述方法重复做一次。

4.2　紧密密度的测定

（1）砂的紧密密度

取砂样一份分两次装入 1 L 容量筒中。装完第一层后，在筒底垫放一根 ϕ10 mm 的圆钢，将筒按住，左右交替颠击地面各 25 次。然后装入第二层，第二层装满后用同样方法颠实，但筒底所垫钢筋的方向应与第一层时的方向垂直，再加入试样直至超过筒口，然后用直尺沿筒口中心线向两边刮平，称取试样和容量筒的总质量 m_1(g)。倒出试样，再称取容量筒的质量 m_2(g)。然后按上述方法重复做一次。

（2）石子的紧密密度

取石样一份分三次装入 20 L 容量筒中。装完第一层后，在筒底垫放一根 ϕ25 mm 的圆钢，将筒按住，左右交替颠击地面各 25 次，再装入第二层，第二层装完后用同样方法颠实，但筒底所垫钢筋的方向应与第一层时的方向垂直，然后装入第三层，用同样方法颠实。试样装填完毕，再加试样直至超过筒口，用钢筋沿筒口边缘滚转，刮去高出筒口的试样，并用适合的颗粒填平凹处，使表面稍凸起部分与凹陷部分的体积大致相等。称取试样和容量筒的总质量 m_1(g)。倒出试样，再称取容量筒的质量 m_2(g)。然后按上述方法重复做一次。

5. 结果计算与处理

5.1　砂（石子）的堆积密度、紧密密度按式(3－2)计算，精确至 10 kg/m³：

$$\rho_L(\rho_c) = \frac{m_1 - m_2}{V} \tag{3-2}$$

式中：ρ_L——砂（石子）的堆积密度，kg/m³；

　　　ρ_c——砂（石子）的紧密密度，kg/m³；

　　　m_1——试样 + 容量筒的总质量，g；

　　　m_2——容量筒的质量，g；

　　　V——容量筒的容积，L（砂：1 L；石子：20 L）。

5.2　砂（石子）的空隙率按式(3－3)、(3－4)计算，精确至 1%：

堆积空隙率：

$$\nu_L = \left(1 - \frac{\rho_L}{\rho_o}\right) \times 100\% \tag{3-3}$$

紧密空隙率：

$$\nu_c = \left(1 - \frac{\rho_c}{\rho_o}\right) \times 100\% \tag{3-4}$$

式中：ρ_o——按式(3－1)计算的试样的表观密度，kg/m³。

5.3　堆积密度、紧密密度取两次试验结果的算术平均值，精确至 10 kg/m³；如果两次测定结果之差大于 20 kg/m³，须重新测定一次，然后取两次接近的测定结果的平均值作为最后结果。空隙率取两次测定结果的算术平均值，精确至 1%。

6. 容量筒的标定方法

将温度为(20 ± 2)℃的饮用水装满容量筒，用一稍大于筒口的玻璃板沿筒口推移，使其紧贴水面（从玻璃板上方观察，容量筒内应无气泡出现）。擦干筒外壁水分，然后称取"筒 + 水 + 玻璃板"的总质量 m_1(g)。倒出水，擦干容量筒及玻璃板后再称取"筒 + 玻璃板"的总质量 m_2(g)。容量筒的容积 V 按式(3－5)计算，精确至 1 mL：

$$V = m_1 - m_2 \tag{3-5}$$

任务4 含泥量检测

1. 检测依据

检测依据同表观密度测定。

2. 仪器设备

2.1 电热鼓风烘箱：带温度控制系统。

2.2 电子天平：称量 5~10 kg，分度值不大于 0.1 g。

2.3 方孔筛：孔径为 0.075 mm。

2.4 容器：要求淘洗试样时，保持试样不溅出（深度大于 250 mm）。

2.5 其他：盛样盘，毛刷等。

3. 检测步骤

3.1 将取回的试样按样品处置方法进行缩分至试验所需量（具体按表 3-1 和表 3-2 的规定），并放入烘箱中于 (105±5)℃ 下烘干至恒量，待冷却至室温后，分为大致相等的两份备用。

3.2 称取试样 m_0（砂样：400 g；石样：5000 g）。将试样倒入淘洗容器中，注入清水，使水面高于试样面约 150 mm，充分搅拌均匀后，浸泡 2 h，然后用手在水中淘洗试样，使尘屑、淤泥和粘土与砂粒分离，再将浑水缓缓倒入 0.075 mm 的方孔筛上，滤去小于 0.075 mm 的颗粒。检测前筛子的两面应先用水润湿，在整个过程中应小心防止砂粒流失。

3.3 再向容器中注入清水，重复上述操作，直至容器内的水目测清澈为止。

3.4 用水淋洗剩余在筛上的细粒，然后将筛上的筛余颗粒和清洗容器中已经洗净的试样一并倒入盛样盘内，放入烘箱中于 (105±5)℃ 下烘干至恒量，待冷却至室温后，称取其质量 m_1（g）。

4. 结果计算与处理

4.1 砂（石子）中的含泥量 w_c 按式（3-6）计算，精确至 0.1%：

$$w_c = \frac{m_0 - m_1}{m_0} \times 100\% \qquad (3-6)$$

4.2 含泥量取两个试样的检测结果的算术平均值作为测定值，精确至 0.1%。当两次检测结果之差超过规定值（砂：0.5%；石子：0.2%）时，应重新取样进行检测，然后取两次接近的检测结果的平均值作为最后结果。

任务5 泥块含量检测

1. 检测依据

检测依据同表观密度测定。

2. 仪器设备

2.1 电热鼓风烘箱：带温度控制系统。

2.2 电子天平：称量 10 kg，分度值不大于 0.1 g。

2.3 电子秤：称量 100 kg，分度值不大于 50 g。

2.4 方孔筛：孔径为 4.75 mm、2.36 mm、1.18 mm 及 0.60 mm 的筛各一只。

2.5 其他：容器、盛样盘，毛刷等。

3. 检测步骤

3.1 砂中泥块含量

（1）将取回的试样按样品处置方法进行缩分至试验所需量（按表3-2规定），并放入烘箱中于（105±5）℃下烘干至恒量，冷却至室温后，筛除小于1.18 mm的颗粒，分为大致相等的两份备用。

（2）称取大于1.18 mm的试样m_1（200 g）。将试样倒入淘洗容器中，注入清水，使水面高于试样面约200 mm，充分搅拌均匀后，浸泡24 h。然后用手在水中碾碎泥块，再将泥水过0.60 mm筛，如此反复，直至容器内的水目测清澈为止。

（3）将0.60 mm筛上的试样小心地从筛中取出，装入盛样盘内，放入烘箱内于（105±5）℃下烘干至恒量，待冷却至室温后，称取其质量m_2（g）。

3.2 石子中泥块含量

（1）将取回的试样按样品处置方法进行缩分至试验所需量（按表3-1规定），并放入烘箱中于（105±5）℃下烘干至恒量，冷却至室温后，筛除小于4.75 mm的颗粒，分为大致相等的两份备用。

（2）称取大于4.75 mm的试样m_1（g）。将试样倒入淘洗容器中，注入清水，使水面高于试样面约200 mm，充分搅拌均匀后，浸泡24 h。然后用手在水中碾碎泥块，再把试样放在2.36 mm筛上，用水掏洗，直至容器内的水目测清澈为止。

（3）将2.36 mm筛上的试样小心地从筛中取出，装入盛样盘内，放入烘箱内于（105±5）℃下烘干至恒量，待冷却至室温后，称取其质量m_2（g）。

4. 结果计算与处理

4.1 砂（石子）中的泥块含量$w_{c,L}$按式（3-7）计算，精确至0.1%：

$$w_{c,L} = \frac{m_1 - m_2}{m_1} \times 100\% \tag{3-7}$$

4.2 泥块含量取两个试样的检测结果的算术平均值，精确至0.1%。

任务6 颗粒级配检测

1. 检测依据

检测依据同表观密度测定。

2. 仪器设备

2.1 电热鼓风烘箱：带温度控制系统。

2.2 电子天平：称量10 kg，分度值不大于0.1 g。

2.3 方孔筛：砂筛孔径为4.75 mm、2.36 mm、1.18 mm、0.60 mm、0.30 mm、0.15 mm的筛各一只，并附有筛底；石筛孔径为37.5 mm、31.5 mm、19.0 mm、16.0 mm、9.75 mm、4.75 mm、2.36 mm的筛各一只，并附有筛底。

2.4 摇筛机：见图3-3。

2.5 其他：盛样盘或面盆若干，毛刷等。

图3-3 摇筛机

3. 检测步骤

3.1　砂的颗粒级配

（1）将取回的试样缩分至约 1100 g，放入烘箱内于（105±5）℃下烘干至恒量，冷却至室温后，筛除大于 9.50 mm 的颗粒，并计算其筛余百分率，分为大致相等的两份备用。

注：恒量系指试样在烘干 1~3 h 的情况下，其前后质量之差不大于该项检测所要求的称量精度（下同）。

（2）称取试样 m_0（500 g）。将试样倒入按孔径从上到下由大到小组合的套筛（附筛底）中，并将套筛置于摇筛机上，固紧套筛，将控制器的时间设定为 600 s，启动摇筛机进行摇筛。

（3）筛毕取下套筛，再按筛孔由大到小的顺序，在清洁的浅盘或面盆中逐一进行手筛，直至每分钟通过量小于试样总量的 0.1% 为止。通过的试样（即筛下的试样）并入下一号筛中，并和下一号筛中的试样一起过筛，以这样顺序进行，直至各号筛全部筛完为止。

（4）称取各号筛上的筛余质量 m_i（g），试样在各号筛上的筛余量不得超过按式（3-8）计算出的量，超过时应将该粒级试样分成两份或多份，分别筛分，并以筛余量之和作为该号筛的筛余量。

$$m_i = \frac{A \times \sqrt{d}}{300} \tag{3-8}$$

式中：m_i——第 i 个筛上的筛余质量限量，g；

　　　A——筛面的面积，mm^2；

　　　d——筛孔边长，mm。

（5）计算筛后各级筛的筛余质量之和 $\sum m_i$，当 $\left| \dfrac{\sum m_i - m_0}{m_0} \right| \leqslant 1\%$ 时，检测结果有效。否则，检测结果无效，需重新取样进行检测。

3.2　石子的颗粒级配

（1）将取回的试样缩分至略大于表 3-4 规定的数量，并在烘箱内于（105±5）℃下烘干或风干后备用。

表 3-4　石子颗粒级配检验所需试样数量

最大粒径/mm	9.5	16.0	19.0	26.5	31.5	37.5	63.0	75.0
最少试样数量/kg	2.0	3.2	4.0	5.0	6.3	8.0	12.6	16.0

（2）称取表 3-4 中规定的试样 m_0（g）。将试样分多次按孔径由大到小的顺序逐一进行人工筛分，筛余颗粒的粒径大于 19.0 mm 时，在筛分过程中，应用手指拨动颗粒。

（3）称取各号筛的筛余量 m_i（g）。并计算筛后各级筛的筛余质量之和 $\sum m_i$，当 $\left| \dfrac{\sum m_i - m_0}{m_0} \right| \leqslant 1\%$ 时，检测结果有效。否则，检测结果无效，需重新取样进行检测。

4. 结果计算与处理

4.1　计算分计筛余百分率 α_i：各号筛的分计筛余百分率按式（3-9）计算，精确至0.1%：

$$\alpha_i = \frac{m_i}{\sum m_i} \times 100\% \tag{3-9}$$

4.2 计算累计筛余百分率 β_i：该筛的分计筛余百分率加上筛孔大于该筛的各筛的分计筛余百分率之和，即为该筛的累计筛余百分率，精确至 1%。

4.3 砂的细度模数 μ_f 按式(3-10)计算，精确至 0.01：

$$\mu_f = \frac{(\beta_2 + \beta_3 + \beta_4 + \beta_5 + \beta_6) - 5\beta_1}{100 - \beta_1} \qquad (3-10)$$

式中：β_1、β_2、β_3、β_4、β_5、β_6——4.75 mm、2.36 mm、1.18 mm、0.60 mm、0.30 mm、0.15 mm 筛的累计筛余百分数。

4.4 累计筛余百分率取两次检测结果的算术平均值，精确至 1%。细度模数取两次检测结果的算术平均值，精确至 0.1；但是，若两次检测的细度模数之差超过 0.20 时，须重新取样检测，然后取接近的两次细度模数的算术平均值作为最后结果。

5. 结果评定

5.1 砂的颗粒级配评定：根据 0.6 mm 筛的累计筛余百分率 β_4 按表 3-5 确定级配区（Ⅰ、Ⅱ、Ⅲ区），然后将每个筛的实测累计筛余百分率与标准规定的级配区所对应的级配范围进行比较或绘制累计筛余百分率与颗粒粒径关系曲线（级配曲线）。若均在标准级配范围内，则判为级配良好；除 4.75 mm 和 0.6 mm 筛外，其余筛允许有少量超出，但超出总量未超过 5%，则判为级配合格，若超出总量超过 5%，则判为级配不合格。

表 3-5　砂的颗粒级配

方孔筛筛孔边长/mm　　累计筛余/%	级配区		
	Ⅰ	Ⅱ	Ⅲ
9.50	0	0	0
4.75	10 ~ 0	10 ~ 0	10 ~ 0
2.36	35 ~ 5	25 ~ 0	15 ~ 0
1.18	65 ~ 35	50 ~ 10	25 ~ 0
0.60	85 ~ 71	70 ~ 41	40 ~ 16
0.30	95 ~ 80	92 ~ 70	85 ~ 55
0.15	100 ~ 90	100 ~ 90	100 ~ 90

注：①砂的实际颗粒级配与表 3-5 中所列数字相比，除 4.75 mm 和 0.60 mm 筛挡外，可以略有超出，但超出总量应小于 5%；②Ⅰ区人工砂中 0.15 mm 筛孔的累计筛余可以放宽到 100 ~ 85；Ⅱ区人工砂中 0.15 mm 筛孔的累计筛余可以放宽到 100 ~ 80；Ⅲ区人工砂中 0.15 mm 筛孔的累计筛余可以放宽到 100 ~ 75；③级配区的划分是根据 0.60 mm 筛的累计筛余来划分的。

5.2 砂的粗细判定：根据计算出的细度模数 μ_f 来判定砂的粗细。粗砂 $\mu_f = 3.1 ~ 3.7$；中砂 $\mu_f = 2.3 ~ 3.0$；细砂 $\mu_f = 1.6 ~ 2.2$；特细砂 $\mu_f = 0.7 ~ 1.5$。

5.3 石子的颗粒级配评定：首先根据石子的最大粒径和各筛的累计筛余百分率与标准规定的连续粒级级配范围进行比较，若在标准规定的范围内，则判为符合该连续粒级；若不满足连续粒级要求，则与标准规定的单粒粒级的级配范围进行比较，若符合要求，则判为符合该单粒粒级；若既不满足连续粒级要求，也不满足单粒粒级要求，则判为级配不合格。卵石、碎石的颗粒级配应符合表 3-6 的规定。

表3-6 卵石、碎石的颗粒级配

粒级类别	公称粒径/mm	方孔筛筛孔边长/mm								
		累计筛余/%								
		2.36	4.75	9.50	16.0	19.0	26.5	31.5	37.5	53.0
连续粒级	5~10	95~100	80~100	0~15	0					
	5~16	95~100	85~100	30~60	0~10	0				
	5~20	95~100	90~100	40~80	—	0~10	0			
	5~25	95~100	90~100		30~70	—	0~5	0		
	5~31.5	95~100	90~100	70~90	—	15~45	—	0~5	0	
	5~40	—	95~100	70~90		30~65			0~5	0
单粒粒级	10~20	—	95~100	85~100		0~15	0			
	16~31.5		95~100		85~100			0~10	0	
	20~40		—	95~100		80~100			0~10	0

任务7 卵(碎)石针、片状颗粒含量检测

1. 检测依据

检测依据同"表观密度的测定"。

2. 仪器设备

2.1 电子天平:称量10 kg,分度值不大于0.1 g。

2.2 方孔筛:孔径为4.75 mm、9.50 mm、16.0 mm、19.0 mm、26.5 mm、31.5 mm及37.5 mm的筛各一只。

2.3 针状规准仪与片状规准仪:形状和尺寸见图3-4和表3-7。

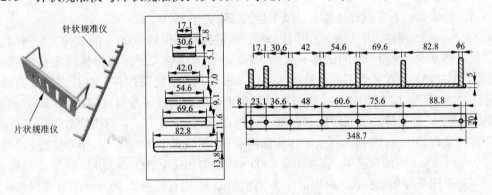

图3-4 针状规准仪与片状规准仪

表3-7 针片状颗粒含量检验的粒级划分及其相应的规准仪孔宽或间距 /mm

石 子 粒 级	4.75~9.50	9.50~16.0	16.0~19.0	19.0~26.5	26.5~31.5	31.5~37.5
片状规准仪相对应孔宽	2.8	5.1	7.0	9.1	11.6	13.8
针状规准仪相对应间距	17.1	30.6	42.0	54.6	69.6	82.8

3．检测步骤

3.1 称取经处置和风干的试样 m_1（g）按颗粒级配筛分析方法进行筛分。

3.2 将筛分后的各筛上的筛余颗粒，用规准仪逐粒检验，凡颗粒长度大于针状规准仪上相应间距（不能通过）者为针状颗粒；颗粒厚度小于片状规准仪相应孔宽（能通过）者为片状颗粒。将针状和片状颗粒全部挑选出来，放入另一盛样盘中。

3.3 检测完毕，称取针状和片状颗粒总量 m_2（g）。

4．结果计算

卵（碎）石中针状和片状颗粒总含量 w_p 按式（3-11）计算，精确至 1%：

$$w_p = \frac{m_2}{m_1} \times 100\%$$ （3-11）

任务 8   卵（碎）石压碎值指标检测

1．检测依据

检测依据同"表观密度的测定"。

2．仪器设备

2.1 压力试验机：量程 2000 kN，精度不低于 1%。

2.2 天平：称量 10 kg，分度值不大于 1 g。

2.3 压碎值指标测定仪：圆模内径为 152 mm，见图 3-5。

2.4 方孔筛：孔径分别为 2.36 mm、9.50 mm、19.0 mm 的筛各一只。

2.5 其他：面盆、$\phi 10 \times 500$ mm 圆钢、毛刷。

图 3-5 压碎值指标测定仪

3．检测步骤

3.1 将取回的石子试样经缩分、风干后，筛除大于 19.0 mm 及小于 9.5 mm 的颗粒，并去除针、片状颗粒，然后称取每份约 3000 g 的试样 3 份备用。

3.2 将 9.5~19.0 mm 的试样 m_1（约 3000 g）分两层装入压碎值指标测定仪的圆模内，每装完一层试样后，在底盘下面垫放一根 $\phi 10$ mm 的圆钢，将筒按住，左右交替颠击地面各 25 次（第二层颠击时，圆钢的方向应与第一层颠击时的方向近乎垂直），两层颠实后，平整模内试样表面，此时试样的表面距底盘高度应控制在 100 mm 左右，否则试样数量应进行调整。

3.3 装好加压头，并旋转压头使压头保持水平，然后置于压力机压板中心位置，启动压力试验机，以 1 kN/s 的加荷速率，或在 160~300 s 内均匀加荷至 200 kN，并稳荷 5 s，然后卸荷。

3.4 取出压碎值指标仪，取下加压头，倒出试样，用孔径为 2.36 mm 的方孔筛筛除被压碎的细粒，然后称取留在筛上的试样质量 m_2（g）。

4．结果计算与处理

4.1 压碎值指标 δ_a 按式（3-12）计算，精确至 0.1%：

$$\delta_a = \frac{m_1 - m_2}{m_1} \times 100\%$$ （3-12）

式中：m_1——加压前，风干试样的质量，g；

m_2——加压后，试样经 2.36 mm 方孔筛过筛后的筛余质量，g。

4.2　压碎指标值取三次检验结果的算术平均值作为测定值，精确至 0.1%。

任务 9　检测记录与报告的整理

检测记录与报告表见"实训记录与报告"第 8 ~ 13 页。

技能训练四 普通混凝土物理力学性能检测

能力目标与课时安排

☆ 掌握普通混凝土拌和物坍落度与坍落扩展度的测定方法。

☆ 掌握普通混凝土的表观密度的测定方法。

☆ 掌握普通混凝土的抗压强度、抗折强度试件的制作、养护与强度测定方法。

☆ 完成相应记录与报告,并根据检测结果对混凝土拌和物的流动性、保水性、粘聚性和砂率情况作出评价及硬化后混凝土的强度等级的确定。

☆ 课时安排:2 课时。

任务1 混凝土的试拌及拌和物的和易性、表观密度的测定

1. 测定依据

1.1 《普通混凝土拌合物性能试验方法标准》GB/T 50080—2002

1.2 《公路工程水泥及水泥混凝土试验规程》JTG E30—2005

2. 测定环境要求

2.1 试验室的温度应控制在(20 ± 5)℃,所用材料的温度应与试验室温度保持一致。

2.2 需要模拟施工条件下所用的混凝土时,所用材料的温度宜与施工现场温度保持一致。

3. 仪器设备

3.1 电子称:称量 100 kg,分度值不大于 50 g。

3.2 单卧轴混凝土搅拌机:容量 60 L。

3.3 坍落度筒:钢板制成的截头圆锥筒,上口径为 $\phi100$ mm,下口径为 $\phi200$ mm,高度为 300 mm,并设有踏脚板和手提耳。

3.4 其他:容量筒(5 L、10 L、20 L)、钢板、拌和盘、小铲、抹刀、捣棒、钢卷尺等。

4. 和易性测定

4.1 根据设计初步配合比,计算 15 L 混凝土所用各材料用量,并称量好备用。

4.2 将搅拌锅用与配合比相同的水泥砂浆进行预搅拌(涮 shuàn 膛),然后刮出涮膛砂浆,再将称好的水泥、砂、石、掺合料拌和均匀后,再加入水、外加剂,继续拌和均匀。

注:若在施工现场取样,则从 4.3 步开始检测。

4.3 将坍落度筒及钢板湿润。但应注意在坍落度筒内壁和钢板上应无明水,钢板应放置在坚实水平面上。

4.4 将坍落度筒放在钢板中心,然后用脚踩住两边的脚踏板,坍落度筒在装料时应保持固定的位置,直至试验完成。

4.5 将拌好的拌和物倒出,置于拌和盘中,经人工翻拌 1~2 min 后,将混凝土拌和物用小铲分三层均匀地装入坍落度筒内,使捣实后每层高度为筒高的 1/3 左右(即 100 mm 左

右），每层用捣棒插捣 25 次。插捣应沿螺旋方向由外向中心进行，各次插捣应在截面上均匀分布。插捣筒边混凝土时，捣棒可以稍倾斜；插捣底层时，捣棒应贯穿整个深度，插捣第二层和顶层时，捣棒应插透本层至下一层的表面；浇灌顶层时，混凝土应灌到高出筒口，插捣过程中，若混凝土沉落到低于筒口，则应随时添加。顶层插捣完后，刮去多余的混凝土，并用抹刀抹平。

4.6　清除坍落度筒边底板上的混凝土后，垂直平稳地提起坍落度筒。坍落度筒的提离过程应在 5 ~ 10 s 内完成。

4.7　提起坍落度筒后，测量筒高与坍落后混凝土试体最高点之间的高度差，即为该混凝土拌合物的坍落度值，见图 4 − 1，坍落度的测定应在 150 s 内完成。坍落度筒提离后，若混凝土发生崩坍或一边剪坏现象，则应重新取样另行测定；若第二次试验仍出现上述现象，则表示该混凝土和易性不好。同一次拌和的混凝土拌和物，必要时，宜测坍落度两次，取其平均值作为测定值。每次须换一次新的拌和物，若两次结果相差 20 mm 以上，须作第三次试验；若第三次结果与前两次结果均相差 20 mm 以上时，则整个试验应重做。

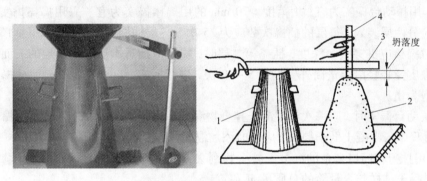

图 4 − 1　坍落度筒与坍落度的测定
1—坍落度筒；2—砼试样；3—水平直尺；4—钢板尺

4.8　观察坍落后的混凝土试体的保水性、粘聚性及含砂情况。

（1）保水性评价：以混凝土拌合物稀浆析出的程度来评定。坍落度筒提起后若有较多的稀浆从底部析出，锥体部分的混凝土也因失浆而骨料外露，则表明此混凝土拌合物的保水性能不好；若坍落度筒提起后无稀浆或仅有少量稀浆自底部析出，则表示此混凝土拌合物保水性良好。

（2）粘聚性评价：用捣棒在已坍落的混凝土锥体侧面轻轻敲打，此时如果锥体逐渐下沉，则表示粘聚性良好，如果锥体倒塌、部分崩裂或出现离析现象，则表示粘聚性不好。

（3）含砂情况评价：当坍落度在 70 ~ 90 mm 时，用抹刀抹拌和物表面时，若一两次即可使拌和物表面平整无蜂窝，则含砂过多；若抹五六次才可使表面平整无蜂窝，则含砂适中；如抹面困难，不易抹平，有空隙及石子外露等现象，则含砂过少。

4.9　当混凝土拌合物的坍落度大于 220 mm 时，用钢尺测量混凝土扩展后最终的最大直径和最小直径，在这两个直径之差小于 50 mm 的条件下，用其算术平均值作为坍落扩展度值；否则，此次试验无效。

4.10　如果发现粗骨料在中央集堆或边缘有水泥浆析出，表示此混凝土拌合物抗离析性不好。

4.11 混凝土拌合物坍落度和坍落扩展度值以 mm 为单位，测量准确至 1 mm，结果表达修约至 5 mm。

5. 和易性的调整

（1）若坍落度过小，则保持水胶比不变，适当增加水泥浆用量，同时根据拌和物的保水性和粘聚性的情况，适当调整砂、石的用量。或增加减水剂用量。

（2）若坍落度过大，则保持水胶比不变，适当减少水泥浆数量，同时根据拌和物的保水性和粘聚性的情况，适当调整砂、石的用量。或减少减水剂用量。

（3）当坍落度与设计相差不大时，则保持水胶比不变，适当增加或减少水泥浆量，不改变砂、石用量。该调整方案只能小幅度调整混凝土的和易性，一般每增减 2% ~ 5% 的水泥浆量，坍落度可增减 10 mm 左右。或调节减水剂用量。

6. 拌和物表观密度的测定

6.1 用湿布将 5 L 容量筒内外擦干净，称取容量筒的质量 m_1(kg)。

6.2 装料与捣实：混凝土的装料及捣实方法应根据拌和物的稠度而定。坍落度≤70 mm 的混凝土，用振动台振实为宜；坍落度 >70 mm 的用捣棒捣实为宜。采用捣棒捣实时，混凝土拌合物应分两层装入，每层的插捣次数应为 25 次。各层插捣应由边缘向中心均匀地插捣，插捣底层时捣棒应贯穿整个深度，插捣第二层时，捣棒应插透本层至下一层的表面。每一层捣完后用橡皮锤轻轻沿容量筒外壁敲打 5 ~ 10 次，进行振实，直至拌合物表面插捣孔消失并不见大气泡为止。

采用振动台振实时，应一次将混凝土拌合物灌到高出容量筒口。装料时可用捣棒稍加插捣，振动过程中若混凝土低于筒口，应随时添加混凝土，振动直至表面出浆为止。

6.3 用抹刀将筒口多余的混凝土拌合物刮去，表面若有凹陷应填平，将容量筒外壁擦净，称取混凝土试样与容量筒的总质量 m_2(kg)。

6.4 混凝土拌合物表观密度 $\rho_{c,t}$ 按式(4 - 1)计算，精确至 10 kg/m³：

$$\rho_{c,t} = \frac{m_2 - m_1}{V} \times 1000 \qquad (4-1)$$

式中：m_1——容量筒的质量，kg；

m_2——装满试样后，试样 + 容量筒的总质量，kg；

V——容量筒的容积，L。

任务 2　强度试件的制作与养护

1. 仪器设备

1.1 混凝土试模：立方体抗压强度试模可采用 150 mm × 150 mm × 150 mm（标准试件）或 100 mm × 100 mm × 100 mm（非标准试件，适用粗骨料最大粒径≤31.5 mm 的混凝土）的试模；抗折强度试模可采用 150 mm × 150 mm × 550 mm（标准试件）或 100 mm × 100 mm × 400 mm（非标准试件）的试模。

1.2 混凝土振实台：空载条件下，台面垂直振幅为(0.5 ±0.02)mm，振动频率为(50 ± 2)Hz。

1.3 恒温恒室养护室：温度可控制在(20 ±2)℃，相对湿度为 95% 以上。

1.4 其他：料铲、抹刀、捣棒、塑料膜等。

2. 强度试件制作

（1）成型前，应检查试模是否符合要求；试模内表面应涂一薄层矿物油或其他不与混凝土发生反应的脱模剂。

（2）根据混凝土拌和物的稠度确定混凝土强度试件成型方法，坍落度 < 70 mm 的混凝土宜用振动振实；坍落度 > 70 mm 的宜用捣棒人工捣实；检验现浇混凝土或预制构件的混凝土，试件成型方法宜与实际采用的方法相同。试件数量为 1 组 3 个。

①用振动台振实制作试件：将混凝土拌和物一次装满试模，装料时应用抹刀沿各试模内壁插捣，并使混凝土拌和物高出试模口；试模应附着或固定在振动台上，振动时试模不得有任何跳动，振动应持续到表面出浆为止，不得过振。

②用人工插捣制作试件：混凝土拌和物应分两层装入模内，每层的装料厚度大致相等；插捣应按螺旋方向从边缘向中心均匀进行。在插捣底层混凝土时，捣棒应达到试模底部；插捣上层时，捣棒应贯穿上层后插入下层 20 ~ 30 mm；插捣时捣棒应保持垂直，不得倾斜，然后用抹刀沿试模内壁插拔数次；采用边长为 100 mm 的试模时每层插捣 12 次，边长为 150 mm 的试模时每层插捣 27 次；插捣后应用橡皮锤轻轻敲击试模四周，直至插捣棒留下的空洞消失为止。

（3）刮除试模上口多余的混凝土，待混凝土临近初凝时，用抹刀抹平，贴上标签（班次、组别、日期等），立即用不透水的薄膜覆盖表面。

3. 试件的养护

（1）采用标准养护的试件，应在温度为 (20 ± 5)℃ 的环境中静置 1 ~ 2 昼夜，然后编号、拆模。拆模后应立即放入温度为 (20 ± 2)℃，相对湿度为 95% 以上的标准养护室中养护，或在温度为 (20 ± 2)℃ 的不流动的 $Ca(OH)_2$ 饱和溶液中养护。标准养护室内的试件应放在支架上，彼此间隔 10 ~ 20 mm，试件表面应保持潮湿，并不得被水直接冲淋。

（2）同条件养护试件的拆模时间可与实际构件的拆模时间相同，拆模后，试件仍需保持同条件养护。

（3）标准养护龄期为 28 d（从搅拌加水开始计时）。

任务3 强度的测定

1. 测定依据

1.1 《普通混凝土力学性能试验方法标准》GB/T50081—2002

1.2 《公路工程水泥及水泥混凝土试验规程》JTG E30—2005

2. 仪器设备

2.1 压力试验机：量程不小于 2000 kN，精度不低于 1%。

2.2 万能试验机：量程为 300 kN，精度不低于 1%。

2.3 抗折试验装置：见图 4 - 2。试件的支座和加荷压头应采用直径为 20 ~ 40 mm、长度不小于 $(b + 10)$ mm（b 为试件截面宽度）的硬钢圆柱，支座立脚点固定铰支，其他应为滚动支点。

3. 抗压强度的测定

3.1 测定步骤

（1）试件从养护室取出后应及时进行试压，试压前将试件表面和试验机上下承压板面擦干净。

（2）将试件安放在试验机的下压板或垫板上，试件的承压面应与成型时的顶面垂直（即模板面）。试件的中心应与试验机下压板中心对准，启动试验机，关闭回油阀，慢慢开启送油阀，当上压板与试件或钢垫板接近时，调整球座，使接触均衡。

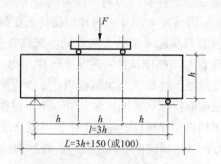

图4-2 抗折试验装置

（3）在试压过程中应连续均匀地加荷，加荷速率按表4-1规定进行。

表4-1 强度试验加荷速率选用表

混凝土强度等级	加荷速率/(MPa·s⁻¹)	
	抗压强度试验	抗折强度试验
<C30	0.3~0.5	0.02~0.05
≥C30 且 <C60	0.5~0.8	0.05~0.08
≥C60	0.8~1.0	0.08~0.10

（4）当试件接近破坏开始急剧变形时，应停止调整试验机油阀，直至破坏。然后记录破坏荷载。

3.2 结果计算

混凝土立方体抗压强度按式（4-2）计算，精确至0.1 MPa：

$$f_{cu} = \frac{F}{A} \qquad (4-2)$$

式中：f_{cu}——混凝土试件抗压强度，MPa；

F——试件破坏荷载，N；

A——试件承压面积，mm²。

3.3 抗压强度值的确定

（1）以3个试件测值的算术平均值作为该组试件的抗压强度值，精确至0.1 MPa。

（2）当3个测值中的最大值或最小值中有1个与中间值的差值超过中间值的±15%时，则取中间值作为该组试件的抗压强度值；如果最大值和最小值与中间值的差值均超过中间值的±15%（即：$f_{cu,max} > 1.15 f_{cu,中}$，$f_{cu,min} < 0.85 f_{cu,中}$）时，则该组试件的试验结果无效。

（3）如果抗压强度试验的试件尺寸为非标准试件，应将确定的抗压强度值乘以尺寸修正系数（边长为100 mm的试件修正系数为0.95；200 mm的为1.05），将其换算到标准试件的抗压强度。

5. 抗折强度的测定

5.1　试件要求

试件在长度方向中部 1/3 区段内不得有表面直径超过 5 mm、深度超过 2 mm 的孔洞。

5.2　测定步骤

（1）试件从养护地取出后应及时进行试验，试验前将试件表面擦干净。

（2）按图 4-2 安装试件，安装尺寸偏差不得大于 1 mm。试件的承压面应为试件成型时的侧面。支座及承压面与圆柱的接触面应平稳、均匀，否则应垫平。

（3）施加荷载应保持均匀、连续，加荷速率应按表 4-1 的规定进行。至试件接近破坏时，应停止调整试验机油阀，直至试件破坏，然后记录破坏荷载及试件下边缘断裂位置。

5.3　结果计算

若试件下边缘断裂位置处于两个集中荷载作用线之内，则试件的抗折强度按式（4-3）计算，精确至 0.1 MPa：

$$f_f = \frac{F \cdot l}{b \cdot h^2} \qquad\qquad (4-3)$$

式中：f_f——混凝土抗折强度，MPa；

　　　F——试件破坏荷载，N；

　　　l——支座间跨度，mm；

　　　h——试件截面高度，mm；

　　　b——试件截面宽度，mm。

5.4　抗折强度值的确定

（1）当 3 个试件折断面均位于两个集中荷载之内时：

①以 3 个试件测值的算术平均值作为该组试件的抗折强度值，精确至 0.1 MPa。

②当 3 个测值中的最大值或最小值中有 1 个与中间值的差值超过中间值的 ±15% 时，则取中间值作为该组试件的抗折强度值；若最大值和最小值与中间值的差值均超过中间值的 ±15%，则该组试件的试验结果无效。

（2）当 3 个试件中有一个折断面位于两个集中荷载之外时，且另 2 个测值的差值不大于这 2 个测值中较小值的 15% 时，则取这 2 个测值的算术平均值作为该组试件的抗折强度值；否则该组试件的试验结果无效。

（3）若有两个试件的下边缘断裂位置位于两个集中荷载作用线之外，则该组试件试验结果无效。

（4）如果抗折强度试验的试件尺寸为非标准试件，应将确定的抗折强度值乘以尺寸修正系数（边长为 100 mm 的试件修正系数为 0.85），将其换算到标准试件的抗折强度。当混凝土强度等级≥C60 时，宜采用标准试件；使用非标准试件时，尺寸换算系数应由试验确定。

任务4　检测记录的整理

检测记录表见"实训记录与报告"第 14 页。

技能训练五 砌筑砂浆物理力学性能检测

能力目标与课时安排

☆ 掌握砌筑砂浆的和易性及分层度的测定方法。

☆ 掌握砌筑砂浆的抗压强度试件的制作、养护与强度测定方法。

☆ 完成相应记录与报告,并根据测定结果对新拌砂浆的流动性、保水性作出评价及强度等级的确定。

☆ 课时安排:2课时。

任务1 砌筑砂浆的试配及稠度和分层度的测定

1. 测定依据

《建筑砂浆基本性能试验方法》JGJ/T 70—2009

2. 测定环境要求

2.1 试验室的温度应控制在(20±5)℃,所用材料的温度应与试验室温度保持一致。

2.2 需要模拟施工条件下所用的砂浆时,所用材料的温度宜与施工现场温度保持一致。

3. 仪器设备

3.1 电子秤:称量100 kg,分度值不大于50 g。

3.2 单卧轴砂浆搅拌机:容量15 L。

3.3 砂浆稠度测定仪:试锥 + 滑杆的总质量为(300±1)g,见图5-1。

3.4 砂浆分层度仪:见图5-2。

3.5 其他:容量筒、小铲、抹刀、捣棒(φ10×350 mm 圆钢)、秒表等。

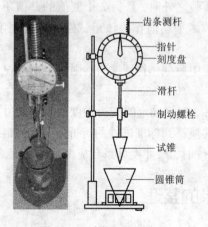

图5-1 砂浆稠度测定仪

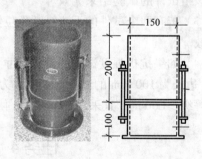

图5-2 砂浆分层度仪

4．稠度的测定

4.1　用少量润滑油轻擦滑杆后，将滑杆上多余的油用吸油纸擦净，使滑杆能自由滑动。

4.2　根据设计的初步配合比，计算 10 L 砂浆所用各材料的用量。将称好的水泥、掺合料、砂子倒入搅拌锅内拌和均匀后，再加入水（注意水先不要完全加入），继续拌和均匀。

4.3　将盛浆圆锥筒用湿布擦干净，再将砂浆拌和物一次装入圆锥筒，使砂浆表面低于筒口约 10 mm 左右，用捣棒自圆锥筒中心向边缘插捣 25 次，然后轻轻地将圆锥筒摇动或敲击 5 ~ 6 下，使砂浆表面平整，随后将圆锥筒置于稠度测定仪的底座上。

4.4　将试锥表面用湿布擦干净，拧松试锥滑杆的制动螺栓，向下移动滑杆，当试锥尖端与砂浆表面刚好接触时，拧紧制动螺栓。调整齿条测杆使其下端与滑杆上端接触，拧松指针调整螺栓调整指针对准零点后固紧。

4.5　拧松制动螺栓，同时计时，10 s 时立即拧紧制动螺栓，缓慢拉下齿条，使测杆下端接触滑杆上端，从刻度盘上读取下沉深度，准确至 1 mm，即为砂浆的稠度值。当测得的稠度不满足设计要求时，可调节拌和用水量、水泥用量、掺合料用量，直到满足设计要求为止。

注：圆锥筒内的砂浆，只允许测定一次稠度，重新测定时，应重新取样测定。

4.6　结果处理

（1）取两次测定结果的算术平均值，计算值精确至 1 mm。

（2）两次测定值之差若大于 10 mm，则应另取砂浆搅拌后重新测定。

5．分层度的测定

5.1　首先将新拌砂浆按稠度测定方法测定其初始稠度（S_1）。

5.2　将测完初始稠度的砂浆一次装满分层度筒内，装满后，用木锤在分层度筒周围距离大致相等的 4 个不同部位轻轻敲击 1 ~ 2 次，若砂浆沉落到低于筒口，则应随时添加，然后刮去多余的砂浆并用抹刀抹平。

5.3　静置 30 min 后，去掉上节 200 mm 砂浆，剩余的 100 mm 砂浆倒出放在拌和锅内拌 2 min，再按稠度测定方法测其稠度（S_2）。前后测得的稠度之差（$S_1 - S_2$）即为该砂浆的分层度值（mm）。当分层度不满足设计要求时，可调节拌和用水量、水泥用量、掺合料用量，直到满足设计要求为止。

5.4　结果处理

（1）取两次测定结果的算术平均值作为该砂浆的分层度值，精确至 1 mm。

（2）若两次分层度测定值之差大于 10 mm 时，应重做试验。

任务 2　抗压强度试件的制作与养护

1．仪器设备

1.1　试模：70.7 mm × 70.7 mm × 70.7 mm 的带底三联试模。

1.2　捣棒：ϕ10 × 350 mm 圆钢，端部磨圆。

1.3　振实台：空载条件下，台面垂直振幅为（0.5 ± 0.05）mm，振动频率为（50 ± 3）Hz。

1.4　其他：料铲、抹刀等。

2．试件的制作

2.1　试件数量：立方体试件 1 组 3 个。

2.2　成型前先用黄油等密封材料涂抹试模的外接缝，试模内涂刷薄层机油或隔离剂。

2.3　将拌好的砂浆一次性装满试模，成型方法可根据砂浆稠度大小确定。当稠度 > 50 mm 时，宜采用人工插捣成型；当稠度≤50 mm 时，宜采用振动台振实成型。采用人工插捣成型时，用捣棒均匀由边缘向中心按螺旋方式插捣 25 次，插捣过程中当砂浆沉落低于试模口时，应随时添加砂浆，可用油灰刀沿模周边插捣数次。并用手将试模一边抬高 5 ~ 10 mm 各振动 5 次，砂浆应高出试模顶面 6 ~ 8 mm。采用振动台成型时，将砂浆一次装满试模，放置到振动台上振动 5 ~ 10 s 或持续到表面泛浆为止，不得过振。

2.4　待试件表面水分稍干后，再将高出试模部分的砂浆刮去并抹平，贴上标签(班次、组别)。

3. 试件的养护

3.1　试件制作后在(20 ±5)℃温度环境下静置 (24 ±2)h，用油墨笔在试件上进行标识，再拆模。当气温较低时，可适当延长拆模时间，但不应超过 2 昼夜。

3.2　拆模后，应立即将试件放入温度为(20 ±2)℃，相对湿度在 90% 以上的标准养护室中养护。养护期间，试件彼此间隔不少于 10 mm，混合砂浆、湿拌砂浆试件上面应用塑料薄膜覆盖，防止有水滴在试件上。养护至规定龄期(龄期从加水搅拌时开始计算，标准养护龄期为 28 d)后，再进行强度测定。

任务3　抗压强度的测定

1. 测定依据
《建筑砂浆基本性能试验方法》JGJ/T 70—2009

2. 仪器设备

2.1　游标卡尺：量程为 150 mm，分度值为 0.02 mm。

2.2　压力试验机：精度等级不低于 1%，其量程应能使试件的预期破坏荷载值在全量程的 20% ~ 80% 范围内。

3. 测定步骤

3.1　试件从养护室取出后，应及时进行试压。试压前先将试件擦拭干净，测量尺寸，并检查其外观。试件尺寸测量准确至 1 mm，并据此计算试件的承压面积。如实测尺寸与公称尺寸之差不超过 1 mm，承压面积可按公称尺寸计算。

3.2　将试件安放在试验机的下压板上(或下垫板上)，试件的承压面应与成型时的顶面垂直，试件中心应与试验机下压板(或下垫板)中心对准。

3.3　启动试验机，当上压板与试件(或上垫板)接近时，调整球座，使接触面均衡受压。承压试验应连续而均匀地加荷，加荷速率应为 0.25 ~ 1.5 kN/s，当试件接近破坏而开始迅速变形时，停止调整试验机油阀，直至试件破坏，然后记录破坏荷载 N_u。

4. 结果计算与处理

4.1　砂浆立方体试件抗压强度 $f_{m,cu}$ 按式(5-1)计算，精确至 0.1 MPa：

$$f_{m,cu} = K \frac{N_u}{A} \tag{5-1}$$

式中：K——换算系数，吸水性强的砌体材料(如烧结砖)$K = 1.35$，吸水性弱的砌体材料(如

46

岩石)$K=1.0$;

N_u——破坏荷载,N;

A——试件承压面积,mm^2。

4.2　结果处理

(1)以3个试件测值的算术平均值作为该组试件的抗压强度值,精确至0.1 MPa。

(2)当3个测值中的最大值或最小值中有一个与中间值的差值超过中间值的±15%时,以中间值作为该组试件的抗压强度值。

(3)当3个测值中的最大值和最小值与中间值的差值均超过中间值的±15%时,则该组试验结果无效。

任务4　检测记录的整理

检测记录表见"实训记录与报告"第15页。

技能训练六　建筑用钢筋力学与工艺性能检测

能力目标与课时安排

☆ 掌握钢筋力学与工艺性能检测样品的处置方法。

☆ 掌握游标卡尺的使用方法。

☆ 掌握建筑用钢筋室温拉伸性能、冷弯性能的检测方法。

☆ 通过拉伸试验，观察钢材拉伸过程中四个阶段(比例阶段、屈服阶段、强化阶段和径缩阶段)应力与变形的变化情况，并正确读取屈服荷载和极限荷载以及断后标距的测量。

☆ 完成相应记录与报告，并根据检测结果判定钢筋的拉伸与弯曲性能是否符合国家现行有关标准的要求。

☆ 课时安排：1课时。

任务1　检测样品的处置

根据钢筋的规格和试验机的最小工作空间，切取符合要求的试件长度。钢筋拉伸试件的最小长度为 $L = (L_0 + 200)\,\text{mm}$；冷弯试件的最小长度为 $L = (5d + 100)\,\text{mm}$。其中，$L_0$ 为试件的原始标距($L_0 = 5.65\sqrt{S_0} \approx 5d$ 或 $L_0 = 11.3\sqrt{S_0}$，且 L_0 应 $\geq 15\,\text{mm}$)；d 为钢筋的公称直径(mm)；S_0 为钢筋的公称截面积(mm^2)。

任务2　钢筋力学性能检测

1. 检测依据

《金属材料拉伸试验第1部分：室温试验方法》GB/T 228.1 - 2010

2. 检测要求

2.1　试验温度：试验一般在室温 10 ~ 35℃下进行。对温度要求严格的，试验温度应为 (23 ± 5)℃。

2.2　试验加荷速率：除产品标准另有规定外，试验机夹头的分离速率应尽可能保持恒定并在表 6 - 1 规定的应力速率范围内。且任何情况下，弹性范围内的应力速率不得超过表 6 - 1 规定的最大速率。

表 6 - 1　拉伸试验应力速率

材料的弹性模量 E /MPa	应力速率/($\text{MPa} \cdot \text{s}^{-1}$)	
	最　小	最　大
$< 1.5 \times 10^5$	2	20
$\geq 1.5 \times 10^5$	6	60

48

3. 仪器设备

3.1 游标卡尺：量程应≥300 mm，分度值应≤0.05 mm。

3.2 标距分划仪：分格间距为 5 mm 或 10 mm。

3.3 液压万能材料试验机：精度等级应不低于 1%，其量程应能使试件的预期破坏荷载值在全量程的 20% ~ 80% 范围内。见图 6 - 1。

图 6 - 1 万能材料试验机

4. 检测步骤

4.1 检测前的准备工作

（1）试件的准备、横截面尺寸的测量。

（2）原始标距的刻画：将试件除夹持部分外，标距所在范围按 10 mm 或 5 mm 一格刻划好。

（3）检查试验机运行是否正常。

（4）根据试件的规格形状更换合适的夹具。

（5）根据试件的抗拉强度合理选用试验机的量程。

（6）启动试验机，关闭回油阀，慢慢开启送油阀，将试验机工作油缸升起 1 ~ 2 mm 后关闭送油阀，然后调节试验机度盘指针，使其归零。若为自动数据采集仪，则按"清零"键置"0"。

4.2 拉伸试验

（1）先将试件的一端夹紧在试验机的上夹具内，然后调节试验机工作横梁，使试验机的工作空间满足试验要求后，再将试件的下端夹紧。

（2）慢慢开启送油阀，按表 6 - 1 规定的试验加荷速率均匀加荷，并保持加荷速率恒定。在屈服前，尤其应注意保持加荷速率恒定。

（3）上屈服力 F_{eH} 和下屈服力 F_{eL} 的确定：见图 6 - 2。

①上屈服力 F_{eH} 的确定：可从"力 - 延伸"曲线或峰值力显示器上求得，定义为力首次下降前（或测力度盘指针首次往回摆）的最大力值。即屈服前的第一个峰值力（第一个极大力值），而不管其后的峰值力是比它大还是比它小。

②下屈服力 F_{eL} 的确定：可从"力 - 延伸"曲线上求得，定义为不计初始瞬时效应时，屈服阶段中指示的最小力值（或测力度盘指针回摆过程中的最小力值）。

当屈服阶段中出现 2 个或 2 个以上谷值力时，则舍去第一个谷值力，取其余谷值力中的最小值，见图 6 - 2(a)、6 - 2(b)；若只出现 1 个下降谷值力，则取该谷值力，图 6 - 2(c)。

当屈服阶段中呈现屈服平台时，取平台力值，图 6 - 2(d)；若呈现多个而且后者高于前者的屈服平台时，则取第一个平台力值。

注：正确的判定结果应该是下屈服力一定小于上屈服力。

（4）试件拉断后，关闭送油阀，读取最大力值 F_m。

（5）取下拉断的试件，关闭试验机，打开回油阀，让试验机工作油缸回到初始位置。

（6）将拉断的两段钢筋试件的断口紧密对接好后，测量试件断后标距 L_u，准确至 0.25 mm。断后标距的测量按下面规定进行：

原则上只有断裂处与最接近的标距标记的距离不小于 $L_0/3$ 时，方为有效。但断后伸长率大于或等于产品规定值时，不管断裂位置处于原始标距内的任何位置，均为有效。如断裂处与最接近的标距标记的距离小于 $L_0/3$ 时，可采用移位法进行断后标距的测量。见图 6 - 3(a)、

6-3(b)。图中 N 为原始标距 L_0 的等分格数。

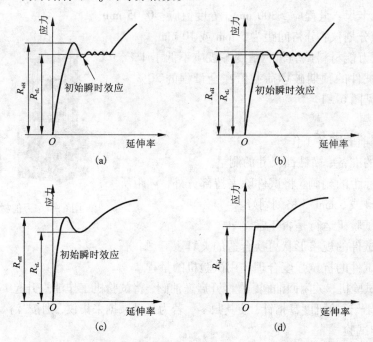

图 6-2　不同类型曲线的上屈服强度(R_{eH})和下屈服强度(R_{eL})

①当 $N-n$ 为偶数时[见图 6-3(a)]，测量 X 与 Y 之间的距离和测量从 Y 至距离为($N-n$)/2 个分格的 Z 标记之间的距离。

断后标距：$L_u = L_{XY} + 2L_{YZ}$

②当 $N-n$ 为奇数时[见图 6-3(b)]，测量 X 与 Y 之间的距离和测量从 X 至距离分别为($N-n-1$)/2 和($N-n+1$)/2 个分格的 Z' 和 Z'' 标记之间的距离。

断后标距：$L_u = L_{XY} + 2L_{YZ'} + L_{Z'Z''}$

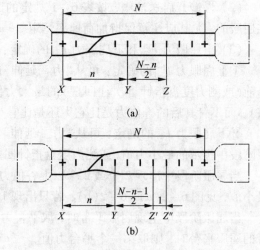

图 6-3　移位方法的图示说明

5．结果计算与修约

5.1　屈服强度(下屈服强度)

$$R_{eL} = \frac{F_{eL}}{S_0} \times 1000 \quad (\text{MPa})$$

5.2　抗拉强度

$$R_m = \frac{F_m}{S_0} \times 1000 \quad (\text{MPa})$$

式中：F_{eL}、F_m——下屈服力和最大力值，kN；

S_0——拉伸前试件标距内的原始横截面积，mm^2，计算结果取四位有效数字。对于建筑用钢筋，其原始横截面积按钢筋的公称直径 d 计算，$S_0 = \pi \cdot d^2/4$，其中 $\pi = 3.142$。

50

5.3　断后伸长率(%)

$$A = \frac{L_u - L_0}{L_0} \times 100\%$$

式中：L_0——拉伸试验前试件原始标距，mm；

　　　L_u——拉断后试件断后标距，mm。

5.4　计算结果的修约

屈服强度、抗拉强度≤1000 MPa 时，计算结果修约至 5 MPa；>1000 MPa时，计算结果修约至 10 MPa。伸长率计算结果修约至 0.5%。

任务3　钢筋弯曲性能检测

1．检测依据

《金属材料弯曲试验方法》GB/T232—2010

2．检测环境条件

检测应在室温 10~35℃下进行。

3．仪器设备

万能材料试验机或专用弯曲试验机：应配备弯曲装置。

4．检测步骤

4.1　试验前的准备工作

根据钢筋的类别、规格按相应产品标准，更换试验机的弯曲压头(弯芯直径 D)，然后根据钢筋试件的规格调节好支持辊间的间距 l(mm)，并检查试验机的运行是否正常。

$$l = (D + 2d) + 2$$

式中：d——钢筋的公称直径，mm。

4.2　弯曲试验

将弯曲试件安放在试验机的弯曲支持辊中心处，启动试验机，关闭回油阀，慢慢开启送油阀，按(1±0.2)mm/s 的加荷速率均匀加荷，将试样弯曲至规定角度后卸荷，取下试样察看弯曲结果。

4.3　结果评定

弯曲试验后，试样弯曲外表面无肉眼可见裂纹的为合格。

任务4　检测报告的整理

检测报告表见"实训记录与报告"第 16 页。

技能训练七　砌墙砖与砌块抗压强度检测

能力目标与课时安排

☆ 掌握砌墙砖抗压强度试件的制作、养护及强度测定方法。

☆ 掌握空心砌块抗压强度试件的制作、养护及强度测定方法。

☆ 完成相应记录与报告，并根据实测强度和国家现行有关标准，判定砌墙砖、砌块的强度等级。

☆ 课时安排：3课时。

任务1　砌墙砖抗压强度检测

1. 检测依据

《砌墙砖试验方法》GB/T 2542－2012

2. 仪器与器材

2.1　石材切割机：见"技能训练一　岩石抗压强度检测"。

2.2　压力试验机：精度等级应不低于1%，其量程应能使试件的预期破坏荷载值在全量程的20%~80%范围内。

2.3　其他：水平尺、玻璃板、抹刀、塑料膜等。

3. 试件的制作

3.1　烧结普通砖

（1）将砖样沿长度方向的中间切断，断开的半截砖长不得小于100 mm。如果不足100 mm，应另取备用试样补足。

（2）将已切开的半截砖放入室温的洁净水中浸泡20~30 min后取出，置于铁丝网架上滴水20~30 min，然后以断口相反方向叠放（同一块试样的两半截砖），并在两者中间抹以厚度不超过5 mm的符合《砌墙砖抗压强度试验用净浆材料》（GB/T 25183—2010）规定的专用净浆料后，刮去四周多余的净浆料。

注：砌墙砖抗压强度试验用净浆材料由外加剂（占总组分0.1%~0.2%）、石膏粉（占总组分60%）、细骨料（粒径≤1.0 mm，含泥量≤0.50%，占总组分40%）和水（占总组分24%~26%）拌和而成，此净浆料2 h抗压强度应≥22 MPa。

（3）将玻璃板置于试件制备平台上，其上铺一张润湿的废报纸，用毛刷刷平整，在湿报纸上铺一层厚度≤5 mm的专用净浆材料，将试件受压面平稳地坐放在净浆料上，在另一受压面上稍加压力，使整个净浆层（厚度≤3 mm）与砖受压面相互粘结，砖的侧面应垂直于玻璃板，用抹刀将砖样四周多余的净浆料刮除。待净浆料适当地凝固后，连同玻璃板翻放在另一铺有湿报纸并放有净浆料的玻璃板

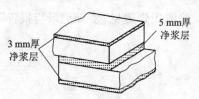

图7－1　水泥净浆层厚度示意图

上，对试件的另一受压面进行坐浆，用水平尺校正玻璃板至水平。制成的试件上下两面须平整、相互平行，并垂直于侧面。试件制作见图7－1所示。

（4）试件数量：1组10块。

3.2　非烧结砖

将同一块试样的两半截砖断口相反叠放，叠合部分不得小于100 mm，即为抗压强度试件。如果不足100 mm时，则应剔除另取备用试样补足。试件数量为1组5块或10块砖。

4. 试件的养护

（1）将抹面试件置于不低于10℃的不通风室内养护4 h。

（2）非烧结砖试件，不需养护，直接进行试验。

5. 抗压强度测定

（1）测量每个试件连接面或受压面的长、宽尺寸各两个，分别取其平均值，准确至1 mm。

（2）将试件平放在试验机下压板的中心处，以(5 ± 0.5)kN/s的加荷速率均匀加荷，直至试件破坏为止，记录最大破坏荷载F_m。

6. 结果计算

每块试样的抗压强度按试（7－1）计算，精确至0.01 MPa：

$$f_i = \frac{F_m}{l \cdot b} \times 1000 \tag{7-1}$$

式中：f_i——试件抗压强度，MPa；

　　　F_m——最大破坏荷载，kN；

　　　l——受压面（连接面）的长度，mm；

　　　b——受压面（连接面）的宽度，mm。

7. 抗压强度评定

7.1　烧结砖抗压强度评定

（1）当10块砖样的强度变异系数$\delta \leqslant 0.21$时，按10块砖样的抗压强度平均值$\bar{f}$、强度标准值f_k指标评定砖的强度等级。

其中，强度标准值：$f_k = \bar{f} - 1.8S$

强度标准差：$S = \sqrt{\dfrac{1}{9}\sum_{i=1}^{10}(f_i - \bar{f})^2}$

强度变异系数：$\delta = \dfrac{S}{\bar{f}}$

式中：f_k——强度标准值，精确至0.1 MPa。

　　　δ——强度变异系数，精确至0.01；

　　　S——10块试样的抗压强度标准差，精确至0.01 MPa；

　　　$\bar{f}$——10块试样的抗压强度的算术平均值，精确至0.1 MPa；

　　　f_i——单块试样抗压强度测定值，精确至0.01 MPa。

（2）当10块砖样的强度变异系数$\delta > 0.21$时，按10块砖样的抗压强度平均值$\bar{f}$、单块

最小抗压强度值 f_{min} 评定砖的强度等级，单块最小抗压强度值精确至 0.1 MPa。

7.2　非烧结砖抗压强度评定

非烧结砖抗压强度评定是以 5 块或 10 块砖样抗压强度平均值和单块最小值来综合评定的。

任务2　墙用空心砌块抗压强度检测

1．检测依据

《混凝土小型空心砌块试验方法》GB/T 4111—1997

2．仪器与器材

2.1　压力试验机：精度等级应不低于 1%，其量程应能使试件的预期破坏荷载值在全量程的 20% ~ 80% 范围内。

2.2　钢板：平面尺寸应大于 440×240 mm，厚度≥10 mm。钢板的一面需平整，要求在长度方向范围内的平面度应≤0.1 mm。

2.3　玻璃板：要求同钢板。

2.4　其他：水平尺、抹刀、塑料膜、细砂(粒径≤2.5 mm)等。

3．试件的制作

(1)将钢板置于稳固的底座上，平整面朝上，用水平尺调至水平。

(2)在钢板面上铺一湿报纸(报纸应平整，不能皱褶)，然后铺一层厚度 6 ~ 8 mm 的水泥 (P.O42.5)：砂 =1:2 的水泥砂浆，将试件的座浆面润湿后平稳地置于砂浆层上，在试件上施加适当的压力，使砂浆层尽可能均匀，且厚度控制在 3 ~ 5 mm。然后用抹刀将砌块四周多余的砂浆刮除。

(3)在试件的铺浆面上铺一层厚度约 6 mm 的砂浆，将已涂刷机油的玻璃板置于砂浆层上，然后，边压玻璃板边观察砂浆层，将气泡全部排除，并用水平尺调整玻璃板至水平，直至砂浆层平整而均匀，厚度在 3 ~ 5 mm 即可。

(4)试件数量：1 组 5 块。

4．试件的养护

将抹面试件置于不低于 10℃ 的不通风室内养护 3 d。

5．抗压强度测定

(1)测量试件的长度和宽度。在试件受压面的中间分别测量其长、宽尺寸各两个(上、下面各一个)，分别取其平均值，精确至 1 mm。

(2)将试件平放在试验机下压板的中心处，以 10 ~ 30 kN/s 的加荷速率均匀加荷，直至试件破坏，记录最大破坏荷载 F_m。

6．结果计算

(1)结果计算同砌墙砖抗压强度结果计算。

(2)强度评定以 5 个试件抗压强度的算术平均值和单块最小值来综合评定。强度计算结果精确至 0.1 MPa。

任务3　检测报告的整理

检测报告表见"实训记录与报告"第 17 页。

技能训练八 沥青及沥青混合料性能检测

能力目标与课时安排

☆ 掌握沥青物理性能检测样品的制备方法。

☆ 掌握沥青的针入度、软化点、延度、混合料马歇尔试验试件的制备及测定方法。

☆ 完成相应记录与报告，并根据检测结果对沥青及沥青混合料的性能作出正确评定。

☆ 课时安排：4课时。

任务1 沥青物理性能检测样品的制备

1. 仪器设备

1.1 电热烘箱：最高温度不低于200℃，并有温度调节器和恒温控制系统。

1.2 加热炉具：电炉或其他燃气炉。

1.3 石棉垫：不小于炉具上表面。

1.4 滤筛：筛网孔径为0.6 mm。

1.5 电子天平：5~10 kg，分度值不大于0.1 g。

1.6 温度计：0~200℃，分度值为0.1℃。

1.7 其他：烧杯、玻璃棒、溶剂、洗油、乳化剂、棉纱等。

2. 热熔沥青试样的制备

（1）熔化：将装有试样的盛样器带盖放入恒温烘箱中进行加热。当石油沥青试样中含有水分时，烘箱温度为80℃左右，加热至沥青全部熔化后供脱水用。当石油沥青中无水分时，烘箱温度宜为软化点温度以上90℃，通常为135℃左右。对取回的沥青试样不得直接采用电炉或煤气炉明火加热。

（2）脱水：当石油沥青试样中含有水分时，可将盛样器皿放在可控温的砂浴、油浴、电热套上加热脱水，不得已采用电炉、煤气炉加热脱水时必须加放石棉垫。加热时间不超过30 min，并用玻璃棒轻轻搅拌，防止局部过热。在沥青温度不超过100℃的条件下，仔细脱水至无泡沫为止，最后的加热温度不超过软化点以上90℃（石油沥青）或50℃（煤沥青）。

（3）过滤灌模：将脱水的沥青通过0.6 mm的滤筛过滤后，不等冷却立即一次灌入各项试验的模具中。根据需要也可将试样分装入擦拭干净并干燥的一个或数个沥青盛样器皿中，数量应满足一批试验项目所需的沥青样品并有富余。

注：①在沥青灌模过程中若温度下降可放入烘箱中适当加热，试样冷却后反复加热的次数不得超过2次，以防沥青老化影响试验结果。注意在沥青灌模时不得反复搅动沥青，避免混进气泡。②灌模剩余的沥青应立即清洗干净，不得重复使用。

任务2 沥青针入度的测定

1. 方法原理及适用范围

1.1 针入度是反映固态、半固态沥青的粘滞性(粘性)的一个指标。它是以标准针在一定的载荷、时间及温度条件下垂直贯入沥青试样的深度来表示,单位为1/10 mm。除非另有规定,标准针、针连杆与附加砝码的总质量应为(100 ± 0.05)g,温度为(25 ± 0.1)℃,贯入时间为5 s。特定试验可采用表8-1的条件,但应在报告中注明。

表8-1 特定试验条件

温度/℃	载荷/g	时间/s
0	200	60
4	200	60
46	50	5

1.2 本方法适用于测定针入度范围为$(0 \sim 500)$1/10 mm的固体或半固体沥青,以及液体石油沥青蒸馏或乳化沥青蒸发后残留物的针入度。

1.3 针入度指数PI用以描述沥青的温度敏感性,宜在15℃、25℃、30℃等3个或3个以上温度条件下测定针入度后,按规定的方法计算得到,若30℃时的针入度值过大,可采用5℃代替。当量软化点T_{800}是相当于沥青针入度为800时的温度,用以评价沥青的高温稳定性。当量脆点$T_{1.2}$是相当于沥青针入度为1.2时的温度,用以评价沥青的低温抗裂性能。

2. 测定依据

2.1 国家标准:《沥青针入度测定法》GB/T 4509—2010。

2.2 交通行业标准:《公路工程沥青及沥青混合料试验规程》JTG E20—2011。

3. 仪器设备

3.1 针入度仪:凡能保证针和针连杆在无明显摩擦下垂直运动,并能指示针贯入深度准确至0.1 mm的仪器均可使用。针和针连杆组合件总质量为(50 ± 0.05)g,另附(50 ± 0.05)g砝码一只,试验时总质量为(100 ± 0.05)g。见图8-1。

3.2 标准针:标准针应由硬化回火的不锈钢制造。

3.3 试样皿:金属制,圆柱形平底。试样皿的选用见表8-2。

3.4 恒温水槽:容量不少于10L,控温的准确度为±0.1℃。水槽中应设有一带孔的搁架,位于水面下不得少于100 mm,距水槽底不得少于50 mm处。在低温下测定针入度时,水槽中装入盐水。

3.5 平底玻璃皿:容量不少于350 mL,深度不少于100 mm,内设有一不锈钢三脚支架,能使试样皿稳定。

3.6 溶剂:三氯乙烯等。

3.7 其他:电筒、棉花等。

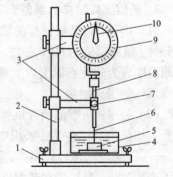

图8-1 针入度仪示意图

1—底座;2—支柱;3—悬臂;4—保温皿;
5—试样;6—标准针;7—按扭;
8—针杆和砝码;9—刻度盘;10—指针

表 8 – 2　试样皿的选用

针入度范围/(1/10 mm)	直径/mm	深度/mm
<40	33 ~ 55	8 ~ 16
<200	55	35
200 ~ 350	55 ~ 75	45 ~ 70
350 ~ 500	75	70

4. 试件的制备

4.1　按测定要求将恒温水槽调节到要求的试验温度,并保持恒定。

4.2　按上述沥青试样的制备方法,将沥青试样热熔脱水并用 0.6 mm 筛过滤后,将滤样一次性注入针入度试验用的试样皿中,试样高度应超过预计贯入深度的 120%,并将试样皿盖上,以防落入灰尘。盛有试样的试样皿在 15 ~ 30℃室温中冷却不少于 1.5 h(小试样皿)、2 h(大试样皿)或 3 h(特殊试样皿)后,移入保持规定试验温度 ±0.1℃的恒温水槽中恒温不少于 1.5 h(小试样皿)、2 h(大试样皿)或 2.5 h(特殊试样皿)。试件数量为 1 组 3 个。

5. 测定步骤

5.1　调整针入度仪使之水平。检查针连杆和导轨,以确认无水和其他外物,无明显摩擦。用三氯乙烯或其他溶剂清洗标准针(如预测针入度超过 350,则应选用长针),并用干净的干布擦干。将标准针插入针连杆,用螺丝固紧。按试验条件,加上附加砝码。

5.2　取出达到恒温的试样皿,并移入水温控制在试验温度 ±0.1℃(可用恒温水槽中的水)的平底玻璃皿中的三脚支架上,试样表面以上的水层深度不少于 10 mm。

5.3　将盛有试样的平底玻璃皿置于针入度仪的平台上。按制动按钮,慢慢放下针连杆,用适当位置的反光镜或灯光反射观察,使针尖恰好与试样表面接触。拉下刻度盘的拉杆,使与针连杆顶端轻轻接触,调节刻度盘或深度指示器的指针指示为零。

5.4　用手紧压按钮的同时开动秒表,使标准试针自动下落贯入试样中,经规定时间 5 s 后,停压按钮使试针停止贯入。

注:当采用自动针入度仪时,计时与标准针落下贯入试样同时开始,至 5 s 时自动停止。

5.5　拉下刻度盘拉杆与针连杆顶端接触,读取刻度盘指针或位移指示器的读数,以 1/10 mm(度)表示。

5.6　同一试样的平行试验至少 3 次,各测试点之间及与试样皿边缘的距离不应少于 10 mm。每次试验后应将盛有试样皿的平底玻璃皿放入恒温水槽,使平底玻璃皿中水温保持试验温度。当针入度小于 200 时,可将标准针取下,用蘸有三氯乙烯溶剂的棉花或布揩净,再用干棉花或布擦干继续使用。当针入度大于 200 时,至少用 3 支标准针,每次试验后将针留在试样中,直至 3 次平行试验完成后,才能将标准针取出。

5.7　测定针入度指数 PI 时,按同样的方法在 15℃、25℃、30℃(或 5℃)3 个或 3 个以上(必要时增加 10℃、20℃等)温度条件下分别测定沥青的针入度,但用于仲裁试验的温度条件应为 5 个。

6. 结果计算

根据测试结果可按下述方法计算针入度指数、当量软化点及当量脆点。

6.1　对不同温度条件下测试的针入度值取对数,令 $y = \lg P$, $x = T$,按式(8 – 1)的针入度对数与温度的直线关系,进行 $y = a + bx$ 一元一次方程的直线回归,求取针入度温度指数

A_{lgPen}。具体计算方法参照配套教材《建筑材料与检测》模块一中的知识四的"一元线性回归分析"。

$$\lg P = k + A_{\mathrm{lgPen}} \cdot T \tag{8-1}$$

式中：T——不同试验温度，相应温度下的针入度为 P；

  k——回归方程的常数项 a；

  A_{lgPen}——回归方程的系数 b。

按式（8-1）回归时必须进行相关性检验，直线回归相关系数 γ 不得小于 0.997（置信度 95%），否则，试验无效。

6.2 按式（8-2）计算沥青的针入度指数 PI：

$$PI = \frac{20 - 500 A_{\mathrm{lgPen}}}{1 + 50 A_{\mathrm{lgPen}}} \tag{8-2}$$

6.3 按式（8-3）计算沥青的当量软化点 T_{800}：

$$T_{800} = \frac{\lg 800 - k}{A_{\mathrm{lgPen}}} = \frac{2.9031 - k}{A_{\mathrm{lgPen}}} \tag{8-3}$$

6.4 按式（8-4）计算沥青的当量脆点 $T_{1.2}$：

$$T_{1.2} = \frac{\lg 1.2 - k}{A_{\mathrm{lgPen}}} = \frac{0.0792 - k}{A_{\mathrm{lgPen}}} \tag{8-4}$$

6.5 按式（8-5）计算沥青的塑性温度范围 ΔT：

$$\Delta T = T_{800} - T_{1.2} = \frac{2.8239}{A_{\mathrm{lgPen}}} \tag{8-5}$$

7．允许误差

7.1 重复性：同一操作者在同一试验室，用同一台仪器对同一样品测得的两次结果，当测定结果小于 50（1/10 mm）时，允许误差不超过 ±2（1/10 mm）；当测定结果大于或等于 50（1/10 mm）时，允许误差不超过其平均值的 ±4%。

7.2 再现性：不同操作者在不同试验室，用同一类型的不同仪器对同一样品测得的两次结果，当测定结果小于 50（1/10 mm）时，允许误差不超过 ±4（1/10 mm）；当测定结果大于或等于 50（1/10 mm）时，允许误差不超过其平均值的 ±8%。

8．结果处理

8.1 当同一试样 3 次平行测定的针入度值相差未超过表 8-3 允许偏差时，取 3 次测定结果的算术平均值，并取整数作为针入度测定结果，以 1/10 mm 为单位。

表 8-3 针入度平行测定结果允许最大偏差（JTG E20—2011）

针入度/(1/10 mm)	最大差值/(1/10 mm)	针入度/(1/10 mm)	最大差值/(1/10 mm)
0 ~ 49	±2	150 ~ 249	±12
50 ~ 149	±4	250 ~ 500	±20

8.2 当同一试样 3 次平行测定的针入度值相差超过表 8-3 的规定时，应重新制备新试样进行测定。

任务3　沥青软化点的测定

1. 方法原理及适用范围

1.1　本方法是将置于肩或锥状黄铜环中2块水平沥青圆片,在加热介质中以一定速度加热,每块沥青片上置有一只钢球。当试样软化到使两个放在沥青上的钢球下落25.4 mm距离时的温度的平均值为沥青试样的软化点,是反映沥青高温稳定性的一个指标。

1.2　本方法适用于环球法测定软化点范围在30～157℃的石油沥青和焦油沥青试样。软化点在30～80℃范围内用蒸馏水做加热介质,软化点在80～157℃范围内用甘油做加热介质。

2. 测定依据

2.1　国家标准:《沥青软化点测定法(环球法)》GB/T 4507—1999

2.2　交通行业标准:《公路工程沥青及沥青混合料试验规程》JTG E20—2011

3. 仪器与材料

3.1　软化点试验仪:由两只黄铜肩环、支撑板、钢球[ϕ9.53 mm,质量为(3.5±0.05)g]、钢球定位器、烧杯(1000 mL)、环支撑架和支架、温度计(量程高于被测试样的软化点,分度值0.5℃)及电磁加热搅拌器组成。见图8-2。

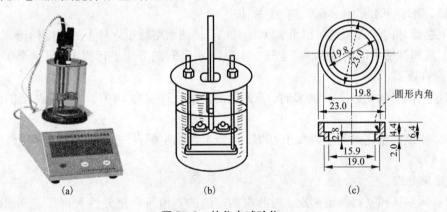

图8-2　软化点试验仪

(a)数显软化点仪;(b)普通软化点仪;(c)肩环

4.2　恒温水槽:同针入度试验要求。

4.3　隔离剂:甘油与滑石粉的质量比为2:1。

4.4　加热介质:新煮沸过的蒸馏水、纯净水或甘油。

4.5　其他:电炉、石棉网板、玻璃板、毛刷、刮刀等。

4. 试件的制备

4.1　在玻璃板上涂一薄层隔离剂。

4.2　将肩环置于涂有隔离剂的玻璃板上,然后按上述沥青试样的制备方法,将沥青试样热熔脱水并用0.6 mm筛过滤后,将滤样一次性注入肩环中,沥青试样应略过量。试件数量为1组6个。

注:若预估试样软化点高于**120℃**时,则试样和试样底板(不用玻璃板)均应预热至**80～100℃**。

4.3　将试件在室温下冷却30 min后,用稍加热的小刀或刮刀刮去多余的沥青,使得每

59

一个圆片饱满且和环的顶部齐平。

5. 测定步骤

5.1　当试样软化点在80℃以下时

（1）将制备好的试件连同底板置于(5±0.5)℃水的恒温水槽中至少15 min；同时将金属支架、钢球、钢球定位环等亦置于相同水槽中。

（2）在烧杯内注入新煮沸并冷却至5℃的蒸馏水或纯净水，水面略低于立杆上的深度标记。

（3）从恒温水槽中取出试件放置在支架中层板的圆孔中，套上定位环，放上钢球，然后将整个环架放入烧杯中，调整水面至深度标记，并保持水温为(5±0.5)℃。环架上任何部分不得附有气泡。将温度计由上层板中心孔垂直插入，使端部测温头底部与试样环下面齐平。

（4）将盛有水和环架的烧杯移至放有石棉网的磁力加热搅拌器上，然后开动振荡搅拌器，使水微微振荡，并开始加热，使杯中水温在3 min内调节至维持每分钟上升(5±0.5)℃。在加热过程中，应记录每分钟上升的温度值，如温度上升速度超出规定范围时，则试验应重作。

（5）试样受热软化逐渐下坠，至与下层底板表面接触时，立即读取温度，准确至0.5℃。

5.2　当试样软化点在80℃以上时

（1）将制备好的试件连同底板置于装有(32±1)℃甘油的恒温槽中至少15 min；同时将金属支架、钢球、钢球定位环等亦置于甘油中。

（2）在烧杯内注入预先加热至32℃的甘油，其液面略低于立杆上的深度标记。

（3）从恒温槽中取出试件，按上述5.1第（3）～（5）的方法进行测定，准确至0.5℃。

6. 允许误差

6.1　当试样软化点小于80℃时，重复性测定的允许差为±1℃，再现性测定的允许差为±4℃。

6.2　当试样软化点等于或大于80℃时，重复性测定的允许差为±2℃，再现性测定的允许差为±8℃。

7. 结果处理

7.1　同一试样平行测定两次，当两次测定值的差值符合重复性允许误差要求时，取其平均值作为软化点测定结果，准确至0.5℃。

7.2　报告测定结果时同时报告浴槽中所使用加热介质的种类。

任务4　沥青延度的测定

1. 方法原理

延度是反映沥青塑性的一个指标。将熔化的沥青试样注入专用的"8"字形模具中，先在室温冷却，然后放入保持在试验温度下的水浴中冷却一定时间后移到延度仪中进行试验。记录沥青试件在一定温度下，以一定速度拉伸至断裂时的长度。非经特殊说明，试验温度为(25±0.5)℃，拉伸速率为(5±0.25)cm/min。

2. 测定依据

2.1　国家标准：《沥青延度测定法》GB/T 4508—2010

2.2　交通行业标准：《公路工程沥青及沥青混合料试验规程》JTG E20—2011

3. 仪器与材料

3.1　延度仪：测量长度应大于被测试样的延度。应满足试件浸没于水中，能保持规定的试验温度及按照规定拉伸速度拉伸试件，且试验时无明显振动的延度仪均可使用。见图8-3。

3.2　试模："8"字形。黄铜制，由两个端模和两个侧模组成，见图8-4。

3.3　试模底板：磨光的铜板或不锈钢板，见图8-4。

3.4　恒温水槽：同针入度测定的要求。

3.5　方孔筛：筛网孔径为0.6 mm的金属网。

图8-3　延度仪　　　　　　　　　图8-4　延度"8"字形试模

3.6　砂浴或其他加热炉具。

3.7　隔离剂：甘油与滑石粉的质量比2:1。

3.8　其他：刮刀、石棉网、酒精、食盐、温度计（分度值为0.1℃）等。

4. 试件的制备

4.1　将隔离剂拌和均匀，涂于清洁干燥的试模底板和两个侧模的内侧表面，将试模在试模底板上组装并固定好。

4.2　按上述沥青试样的制备方法，将沥青试样热熔脱水并用0.6 mm筛过滤后，将滤样仔细自试模的一端至另一端往返数次缓缓注入模中，最后略高出试模，灌模时应注意勿使气泡混入。1组3个，共制备试件2组（1组作为备用试件）。

4.3　试件在室温中冷却30~40 min后，置于规定试验温度±0.1℃的恒温水槽中，保持30 min后取出，用热刮刀刮除高出试模的沥青，使沥青面与试模面齐平。沥青的刮法应自试模的中间刮向两端，且表面应刮得平滑。然后将试模连同底板再浸入规定试验温度的水槽中保温1~1.5 h。

5. 测定步骤

5.1　检查延度仪延伸速度是否符合规定要求，然后移动滑板使其指针正对标尺的零点。将延度仪注水，并调节水温达到试验温度的±0.5℃。

5.2　将保温后的试件连同底板移入延度仪的水槽中，然后将试模的底板取下，将试模两端的孔分别套在滑板及槽端固定板的金属柱上，并取下侧模。水面距试件表面应不小于25 mm，并确保水温在试验温度的±0.5℃范围内。

5.3　开动延度仪，按规定速度进行拉伸，并注意观察试样的延伸情况。此时应注意，在拉伸过程中，水温应始终保持在试验温度规定范围内，且仪器不得有振动，水面不得有晃动。当水槽采用循环水时，应暂时中断循环，停止水流。

5.4　试件拉断时，立即读取指针所指标尺上的读数，以cm表示。

（注：①在拉伸过程中，如发现沥青细丝浮于水面或沉入槽底时，则应在水中加入酒精或食盐，调整水的密度使沥青试样既不浮于水面，也不沉入槽底。②在正常情况下，试件延伸时应成锥尖状，拉断时实际断面接近于零。若3次测定不能得到这种结果，则应在报告中注明。）

6. 允许误差

重复性试验的允许误差为不超过其平均值的±10%；复现性试验的允许误差为不超过其平均值的±20%。

7. 结果处理

同一试样，每次平行试验不少于3个试件，若3个试件试验结果均大于100 cm时，试验结果记为"＞100 cm"；特殊情况也可分别记录实测值。若3个试件的测定值中，当有一个以上的测定值小于100 cm时，若最大值或最小值与平均值之差满足重复性试验要求，则取3个测定结果的平均值的整数作为延度试验结果，若平均值大于100 cm，记作"＞100 cm"；若最大值或最小值与平均值之差不符合重复性试验要求时，应重新制作试件进行测定。

任务5 沥青混合料马歇尔稳定度试验

1. 目的与适用范围

1.1 本方法适用于马歇尔稳定度试验和浸水马歇尔稳定度试验，以进行沥青混合料的配合比设计或沥青路面施工质量检验。浸水马歇尔稳定度试验（根据需要，也可进行真空饱水马歇尔试验）供检验沥青混合料受水损害时，抵抗剥落的能力时使用，通过测试其水稳定性，检验配合比设计的可行性。

1.2 本方法适用于按标准方法成型的标准马歇尔圆柱体试件和大型马歇尔圆柱体试件。

2. 试验依据

交通行业标准：《公路工程沥青及沥青混合料试验规程》JTG E20—2011

3. 仪器与材料

3.1 沥青混合料马歇尔试验仪：分为自动和电动两种。自动马歇尔试验仪应具备控制装置、记录荷载－位移曲线、自动测定荷载与试件的垂直变形，能自动显示和存储或打印试验结果等功能。对于高速公路和一级公路宜采用自动马歇尔试验仪。见图8－5。

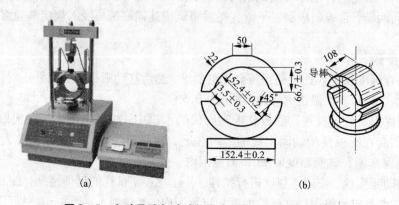

（a）   （b）

图8－5 自动马歇尔试验仪及大型马歇尔试验的压头

（a）自动马歇尔试验仪；（b）大型马歇尔试验的压头示意图（mm）

3.2　恒温水槽：同针入度测定的要求。

3.3　真空饱水器：包括真空泵及真空干燥器。

3.4　电热烘箱：同沥青试样的制备。

3.5　电子天平：称量 5 ~ 10 kg，分度值不大于 0.1 g。

3.6　温度计：0 ~ 200℃，分度值为 1℃。

3.7　游标卡尺：量程不小于 150 mm，分度值为 0.02 mm。

3.8　马歇尔击实仪：分为标准型和大型，见图 8 - 6。标准击实仪击实锤质量为(4536 ± 9)g、锤头底面直径为(98.5 ±0.5)mm、击锤落高为(457.2 ±1.5)mm，试模内径为(101.6 ± 0.2)mm、高 87 mm；大型击实仪击实锤质量为(10210 ±10)g、锤头底面直径为(149.4 ±0.1) mm、击锤落高为(457.2 ±2.5)mm，试模内径为(152.4 ±0.2)mm、高 115 mm。

3.9　沥青混合料拌和机：搅拌叶自转速率为 70 ~ 80 r/min，公转速率为 40 ~ 50 r/min，可自动控制搅拌时间和温度。见图 8 - 7。

图 8 - 6　马歇尔击实仪

图 8 - 7　沥青混合料拌和机

3.10　脱模器：手动或电动。

3.11　其他：滤纸、游标卡尺、刮刀、三氯乙烯溶剂、棉纱、黄油等。

4. 试件制作

4.1　混合料试件拌和温度的确定

拌和温度参考表 8 - 4 确定。

表 8 - 4　沥青混合料拌和及压实温度参考表

沥青结合料种类	拌和温度/℃	压实温度/℃
石油沥青	140 ~ 160	120 ~ 150
改性沥青	160 ~ 175	140 ~ 170

注：①针入度小、稠度大的沥青取高限；针入度大、稠度小的沥青取低限；一般取中值。②对改性沥青，应根据实践经验、改性剂的品种和用量，适当提高混合料的拌和及压实温度；对大部分聚合物改性沥青，通常在普通沥青的基础上提高 10 ~ 20℃；掺加纤维时，尚需再提高 10℃左右。③常温沥青混合料的拌和及压实在常温下进行。

4.2　试件尺寸的选用

当集料最大粒径≤26.5 mm 时，宜采用 $\phi101.6 \times 63.5$ mm 的标准马歇尔试件；当集料最大粒径 >26.5 mm 时，宜采用 $\phi152.4 \times 95.3$ mm 的大型马歇尔试件。

4.3　混合料的制备

4.3.1　一般规定

（1）在拌和厂或施工现场采取沥青混合料制作试件时，将取回的试样置于烘箱中加热或保温，在混合料中插入温度计测量温度，待混合料温度符合要求后成型。需要拌和时，可用拌和机适当拌和，但时间不应超过 1 min。

（2）在试验室人工配制沥青混合料时，按下列步骤进行：

①将各种规格的矿料置于（105±5）℃的烘箱中烘干至恒重（一般不少于 4～6 h）。

②将烘干分级的粗、细集料，按设计级配要求称量每个试件所需质量，在金属盘中混合均匀，矿粉单独放入小盘里，然后置于烘箱中加热至沥青拌和温度以上约15℃（采用石油沥青时，通常为163℃；采用改性沥青时，通常为180℃）备用。1 组 4～6 个试件。

③将沥青试样用烘箱加热至沥青混合料拌和温度，但不得超过175℃。

4.3.2 粘稠沥青混合料的制备

（1）用蘸有少许黄油的棉纱擦净试模、套筒及击实座等，然后置于100℃左右的烘箱中加热 1 h 备用。

（2）将沥青混合料拌和机提前预热至拌合温度10℃左右。

（3）将加热的粗、细集料置于拌和机拌和锅中，用小铲子适当混合，然后加入需要数量的沥青（如沥青已称量在一专用容器内时，可在倒掉沥青后，用一部分热矿粉将粘在容器壁上的沥青擦拭掉，并一起倒入拌和锅中），开动拌和机，拌和 1～1.5 min 后，暂停拌和，加入已加热的矿粉，再继续搅拌至均匀为止，并使沥青混合料保持在要求的拌和温度范围。标准总拌和时间为 3 min。

4.3.3 液体石油沥青混合料的制备

将每组（或每个）试件的矿料置于已加热至 55～100℃ 的沥青混合料拌和机的拌和锅内，注入要求数量的液体沥青，并将混合料边加热边拌和，使液体沥青中的溶剂挥发至50%以下。拌和时间应事先试拌确定。

4.3.4 乳化沥青混合料的制备

将每个试件的粗、细集料置于沥青混合料拌和机的拌和锅内，加入计算的用水量（阳离子乳化沥青不加水）后，拌和均匀并使矿料表面完全润湿，再加入设计的沥青乳液用量，在1 min内使混合料拌匀，然后加入矿粉迅速拌和，使混合料拌成褐色为止。

4.4 试件成型（击实法）

（1）将拌好的沥青混合料，用小铲适当拌和均匀，称取一个试件所需的用量（标准试件约1200 g，大试件约4050 g）。当已知沥青混合料的密度时，可根据试件的标准尺寸计算并乘以系数 1.03，求得要求的混合料数量。当一次拌和几个试件时，宜将其倒入经预热的金属盘中，用小铲适当拌和均匀分成几份，分别取用。在试件制作过程中，为防止混合料温度下降，应连盘放入烘箱中保温。

（2）从烘箱中取出预热的试模及套筒，用蘸有少许黄油的棉纱擦拭套筒、底座及击实锤底面。将试模装在底座上，再放一张圆形的吸油性小的纸，用小铲将混合料铲入试模中，用插刀或大螺丝刀沿模周边插捣 15 次，中间插捣 10 次。然后整平试料表面。

注：对大试件，试料应分 2 次加入，每次插捣次数与标准试件相同。

（3）插入温度计至试料中心附近，检查混合料温度。

（4）待混合料温度符合要求的压实温度后，将试模连同底座一起安放在击实台上固定好，在试料表面再垫一张吸油性小的圆形纸，再将击实锤落下放入试模中，设定好击实次数

（标准试件50次或75次，大型试件75次或112次）后，开启击实仪，击实仪将自动完成设定次数的击实。

（5）试件击实一面后，取下套筒，将试模翻面，装上套筒，然后以同样的方法和次数击实另一面。

注：乳化沥青混合料试件在两面击实后，将一组试件在室温下横向放置24 h，另一组试件置于温度为(105±5)℃的烘箱中养生24 h。将养生试件取出后再立即两面击实各25次。

（6）击实完毕后，立即用镊子取掉上下面的吸油纸，用游标卡尺量取试件离试模上口的高度，并由此计算试件的高度。高度不符合要求的试件应作废，并调整试料用量，重新取料制作。试件高度误差要求：标准试件为(63.5±1.3)mm，大试件为(95.3±2.5)mm，且两侧高度差应≤2 mm。测量高度时，应在试件相互垂直的两条直径的4个方向距试件边缘10 mm处测量，准确至0.1 mm。

（7）卸去套筒和底座，将装有试件的试模横向放置冷却至室温后(不少于12 h)，脱模置于干燥洁净的平面上，供物理力学试验用。

5. 标准马歇尔试验步骤

5.1　将恒温水槽调节至要求的试验温度。对粘稠石油沥青或烘箱养生过的乳化沥青混合料为(60±1)℃，对煤沥青混合料为(33.8±1)℃，对空气养生的乳化沥青或液体沥青混合料为(25±1)℃。

5.2　将试件置于已达规定试验温度的恒温水槽中保温，保温时间对标准试件为30～40 min，对大型试件为45～60 min。且试件之间应有间隔，底下应垫起，距水槽底部应≥5 cm。

5.3　将马歇尔试验仪的上下压头放入水槽或烘箱中，使其达到与待测试件同样的温度。

5.4　将上、下压头取出擦拭干净后，在上、下压头的导棒上涂少许黄油。再将试件取出置于下压头上，盖上上压头，然后装在马歇尔试验仪的加压台座上，并在上压头的球座上放上钢球，对准马歇尔试验仪的上压头。

5.5　当采用自动马歇尔试验仪时，将自动马歇尔试验仪的压力传感器、位移传感器与计算机或记录仪正确连接，调整好适宜的放大比例，压力和位移传感器调零。当采用压力环和流值计(百分表)时，将流值计安装在导棒上，使导向套管轻轻地压住上压头，同时将流值计读数调零。调整压力环百分表对零。

5.6　启动马歇尔试验仪，以(50±5)mm/min的加荷速率均匀加载，计算机或记录仪将自动记录传感器压力和试件变形曲线，并将数据自动存入计算机。

5.7　当试验荷载达到最大值的瞬间，同时读取压力环中百分表和流值表的读数。停止加载，并将试验仪的加压台座回位，停机后取出马歇尔上下压头。

注：从恒温水槽中取出试件至测出最大荷载值的时间应≤30 s。

6. 结果处理

6.1　绘制荷载－变形曲线图

（1）当采用自动马歇尔试验仪时，将计算机采集的数据绘制成压力和试件变形曲线，或由记录仪自动记录的荷载－变形曲线，按图8－8所示方法在切线方向延长曲线与横坐标交于O_1点，将O_1点作为修正后的原点，从O_1点起量取相应于最大荷载值的变形作为试件的流值FL，单位为mm，准确至0.1 mm。最大荷载值即为试件的稳定度MS，单位为kN，准确至0.01 kN。

（2）当采用压力环和流值计测定时，根据压力环率定曲线，将压力环百分表的读数换算为荷载值，即为试件的稳定度 MS，单位为 kN，准确至 0.01 kN。由流值计读取的试件垂直变形，即为试件的流值 FL，单位为 mm，准确至 0.1 mm。

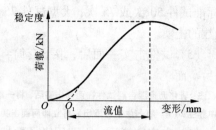

图 8-8　马歇尔试验结果的修正方法

6.2　结果确定

当一组测定值中某个测定值与平均值之差值 > $k \cdot S$（S 为一组测定值的标准差）时，该测定值应予以舍弃，并取其余测定值的平均值作为试验结果。其中，k 值与试件数量有关，当试件个数 n = 3、4、5、6 时，k 值分别取 1.15、1.46、1.67、1.82。

6.3　马歇尔模数的计算

试件的马歇尔模数 T 按式（8-6）计算。

$$T = \frac{MS}{FL} \tag{8-6}$$

任务 6　检测记录的整理

检测记录表见"实训记录与报告"第 18~19 页。

技能训练九　回弹法检测结构混凝土抗压强度

能力目标与课时安排

☆ 掌握混凝土回弹仪的使用方法。

☆ 掌握混凝土构件回弹测区的布置、回弹值及测区混凝土碳化层厚度的测定方法。

☆ 掌握测区混凝土平均回弹值的计算及修正,并根据修正后的回弹值和碳化深度求测区混凝土抗压强度换算值。

☆ 根据测区混凝土抗压强度换算值,计算构件混凝土抗压强度推定值,并判定其抗压强度是否满足设计要求。

☆ 课时安排:1课时。

1. 检测依据

《回弹法检测混凝土抗压强度技术规程》JGJ/T 23—2011

2. 仪器试剂

2.1　混凝土回弹仪:见图9-1。

2.2　率定钢砧(zhēn):用于回弹仪的率定检验。见图9-2。

2.3　冲击电锤:用于碳化深度测定。

2.4　碳化深度测定尺或带深度测定的游标卡尺。

2.5　指示剂:浓度为1%~2%的酚酞酒精溶液。

图9-1　混凝土回弹仪

图9-2　率定钢砧

3. 检测前的准备工作

3.1　回弹仪的率定

(1)率定应在温度为5~35℃的条件下进行。

(2)率定用钢砧应稳固的平放在刚度大的物体上,且钢砧表面应干燥、清洁。

(3)回弹值取连续向下弹击3次的稳定回弹结果的平均值。

(4)率定时,应分4个方向进行,且每个方向弹击前,弹击杆应旋转90°,每个方向的回弹平均值均应为80±2,不在此范围时,应进行保养。经保养后,再进行率定,如率定值在80±2范围内,则该回弹仪工作正常,否则应送专门机构进行修复或报废。

(5)率定用钢砧每2年应送授权计量部门进行检定或校准。

3.2　测区的布置

（1）每一构件测区数不应少于 10 个，对某一方向尺寸小于 4.5 m 且另一方向尺寸小于 0.3 m 的构件，其测区数量可适当减少，但不应少于 5 个。

（2）相邻两测区的间距应控制在 2 m 以内，测区离构件端部或施工缝边缘的距离不宜大于 0.5 m，且不宜小于 0.2 m。

（3）测区宜选在能使回弹仪处于水平方向检测的混凝土浇筑侧面。当不能满足这一要求时，可使回弹仪处于非水平方向检测的混凝土浇筑表面或底面。但泵送混凝土的测区必须布置在混凝土的浇筑侧面。

（4）测区宜选在构件的两个对称可测面上，也可选在一个可测面上，且应均匀分布。在构件的重要部位及薄弱部位必须布置测区，对于梁类构件，测区应布在梁的受压区，并应避开预埋件。

（5）测区的面积不宜大于 0.04 m²。

（6）检测面应为混凝土的原浆面，并应清洁、平整，不应有疏松层、浮浆、油垢、涂层以及蜂窝、麻面，必要时可用砂轮清除疏松层和杂物，且不应有残留的粉末或碎屑。

（7）对弹击时产生颤动的薄壁、小型构件应进行固定。

（8）构件的测区应标有清晰的编号，并宜在记录纸上绘制测区布置示意图和外观质量情况的描述。

4．回弹值的测定

（1）检测时，回弹仪的轴线应始终垂直于构件的混凝土检测面，并应缓慢施压，准确读数，快速复位。

（2）测点宜在测区范围内均匀分布，相邻两测点的净距不宜小于 20 mm；测点距外露钢筋、预埋件的距离不宜小于 30 mm。测点不应在气孔或外露石子上，同一测点应只弹击一次。每一测区应测读 16 个回弹值（有两个对称可测面时，每面为 8 个测点），每一测点的回弹值读数估读至 1。

5．混凝土碳化深度值的测量

（1）回弹值测量完毕，应在有代表性的位置上测量碳化深度值，测点数不应少于构件测区数的 30%，取其平均值作为该构件每测区的碳化深度值。当碳化深度值极差大于 2.0 mm 时，应在每一测区测量其碳化深度值。

（2）碳化深度值的测量，可采用适当的工具（如冲击电锤）在测区表面形成直径约 15 mm 的孔洞，其深度应大于混凝土的碳化深度（约 10 mm）。孔洞中的粉末和碎屑应用洗耳球清除干净，不得用水擦洗。

（3）用浓度为 1%～2% 的酚酞酒精溶液滴在孔洞内壁的边缘处，当已碳化（红色或浅红色区域）与未碳化界线清晰时，再用深度测量工具测量已碳化与未碳化混凝土交界面到混凝土表面的垂直距离，测量应不少于 3 次，每次读数准确至 0.25 mm。取 3 次测量结果的平均值作为测定结果，并精确至 0.5 mm。

6．回弹值计算

（1）测区平均回弹值的计算：应从该测区的 16 个回弹值中剔除 3 个最大值和 3 个最小值，余下的 10 个回弹值的平均值按式（9-1）计算：

$$R_{\mathrm{m}} = \frac{\sum_{i=1}^{10} R_i}{10} \qquad\qquad (9-1)$$

式中：R_{m}——测区的平均回弹值，精确至 0.1；

$\quad\quad R_i$——测区第 i 个测点的回弹值。

（2）非水平方向检测混凝土浇筑侧面时，测区的平均回弹值应按式（9-2）进行修正：

$$R_{\mathrm{m}} = R_{\mathrm{ma}} + R_{\alpha\mathrm{a}} \qquad\qquad (9-2)$$

式中：R_{m}——修正后测区的平均回弹值，精确至 0.1；

$\quad\quad R_{\mathrm{ma}}$——非水平方向检测时测区的平均回弹值，精确至 0.1；

$\quad\quad R_{\alpha\mathrm{a}}$——非水平方向检测时回弹值修正值，按表 9-1 取值。

表 9-1 非水平方向检测时回弹值修正值

R_{ma}	检测角度							
	向 上				向 下			
	90°	60°	45°	30°	−30°	−45°	−60°	−90°
20	−6.0	−5.0	−4.0	−3.0	+2.5	+3.0	+3.5	+4.0
21	−5.9	−4.9	−4.0	−3.0	+2.5	+3.0	+3.5	+4.0
22	−5.8	−4.8	−3.9	−2.9	+2.4	+2.9	+3.4	+3.9
23	−5.7	−4.7	−3.9	−2.9	+2.4	+2.9	+3.4	+3.9
24	−5.6	−4.6	−3.8	−2.8	+2.3	+2.8	+3.3	+3.8
25	−5.5	−4.5	−3.8	−2.8	+2.3	+2.8	+3.3	+3.8
26	−5.4	−4.4	−3.7	−2.7	+2.2	+2.7	+3.2	+3.7
27	−5.3	−4.3	−3.7	−2.7	+2.2	+2.7	+3.2	+3.7
28	−5.2	−4.2	−3.6	−2.6	+2.1	+2.6	+3.1	+3.6
29	−5.1	−4.1	−3.6	−2.6	+2.1	+2.6	+3.1	+3.6
30	−5.0	−4.0	−3.5	−2.5	+2.0	+2.5	+3.0	+3.5
31	−4.9	−4.0	−3.5	−2.5	+2.0	+2.5	+3.0	+3.5
32	−4.8	−3.9	−3.4	−2.4	+1.9	+2.4	+2.9	+3.4
33	−4.7	−3.9	−3.4	−2.4	+1.9	+2.4	+2.9	+3.4
34	−4.6	−3.8	−3.3	−2.3	+1.8	+2.3	+2.8	+3.3
35	−4.5	−3.8	−3.3	−2.3	+1.8	+2.3	+2.8	+3.3
36	−4.4	−3.7	−3.2	−2.2	+1.7	+2.2	+2.7	+3.2
37	−4.3	−3.7	−3.2	−2.2	+1.7	+2.2	+2.7	+3.2
38	−4.2	−3.6	−3.1	−2.1	+1.6	+2.1	+2.6	+3.1
39	−4.1	−3.6	−3.1	−2.1	+1.6	+2.1	+2.6	+3.1
40	−4.0	−3.5	−3.0	−2.0	+1.5	+2.0	+2.5	+3.0
41	−4.0	−3.5	−3.0	−2.0	+1.5	+2.0	+2.5	+3.0
42	−3.9	−3.4	−2.9	−1.9	+1.4	+1.9	+2.4	+2.9
43	−3.9	−3.4	−2.9	−1.9	+1.4	+1.9	+2.4	+2.9
44	−3.8	−3.3	−2.8	−1.8	+1.3	+1.8	+2.3	+2.8
45	−3.8	−3.3	−2.8	−1.8	+1.3	+1.8	+2.3	+2.8

R_{ma}	检测角度							
	向 上				向 下			
	90°	60°	45°	30°	−30°	−45°	−60°	−90°
46	−3.7	−3.2	−2.7	−1.7	+1.2	+1.7	+2.2	+2.7
47	−3.7	−3.2	−2.7	−1.7	+1.2	+1.7	+2.2	+2.7
48	−3.6	−3.1	−2.6	−1.6	+1.1	+1.6	+2.1	+2.6
49	−3.6	−3.1	−2.6	−1.6	+1.1	+1.6	+2.1	+2.6
50	−3.5	−3.0	−2.5	−1.5	+1.0	+1.5	+2.0	+2.5

（3）水平方向检测混凝土浇筑顶面或底面时，测区的平均回弹值应按式（9－3）和式（9－4）进行修正：

$$R_m = R_m^t + R_a^t \qquad (9-3)$$

$$R_m = R_m^b + R_a^b \qquad (9-4)$$

式中：R_m^t、R_m^b——水平方向检测混凝土浇筑顶面、底面时，测区的平均回弹值，精确至0.1；

　　　R_a^t、R_a^b——混凝土浇筑顶面、底面回弹值的修正值，按表9－2取值。

表9 – 2　不同浇筑面回弹值的修正值

R_m^t 或 R_m^b	表面修正值 R_a^t	底面修正值 R_a^b	R_m^t 或 R_m^b	表面修正值 R_a^t	底面修正值 R_a^b
20	+2.5	−3.0	36	+0.9	−1.4
21	+2.4	−2.9	37	+0.8	−1.3
22	+2.3	−2.8	38	+0.7	−1.2
23	+2.2	−2.7	39	+0.6	−1.1
24	+2.1	−2.6	40	+0.5	−1.0
25	+2.0	−2.5	41	+0.4	−0.9
26	+1.9	−2.4	42	+0.3	−0.8
27	+1.8	−2.3	43	+0.2	−0.7
28	+1.7	−2.2	44	+0.1	−0.6
29	+1.6	−2.1	45	0	−0.5
30	+1.5	−2.0	46	0	−0.4
31	+1.4	−1.9	47	0	−0.3
32	+1.3	−1.8	48	0	−0.2
33	+1.2	−1.7	49	0	−0.1
34	+1.1	−1.6	50	0	0
35	+1.0	−1.5			

（4）当检测时回弹仪为非水平方向且测试面为非混凝土的浇筑侧面时，应先按表9－1对回弹值进行角度修正，再按表9－2对修正后的值进行浇筑面修正。

7. 混凝土强度的计算

7.1　构件测区混凝土强度换算值 $f_{cu,i}^c$ 的确定

（1）当有本地区测强曲线或专用测强曲线时，混凝土强度换算值应根据实测的测区平均

回弹值(或修正后的测区平均回弹值)R_m 和平均碳化深度值 d_m,按地区测强曲线或专用测强曲线计算或查表求得。

(2)当无本地区测强曲线或专用测强曲线时,混凝土强度换算值可根据实测的测区平均回弹值(或修正后的测区平均回弹值)R_m 和平均碳化深度值 d_m,按下列方法求得:

①非泵送混凝土按附录 A 查表求得(全国统一测强曲线,表中未注明的测区混凝土换算强度为小于 10 MPa 或大于 60 MPa)。

②泵送混凝土按规程 JGJ/T 23 – 2011 附录 B 查表求得或按式(9 – 5)求得:

$$f_{cu,i}^c = 0.034488 R_m^{1.94} \times 10^{(-0.0173d_m)} \tag{9-5}$$

7.2 构件混凝土强度推定值 $f_{cu,e}$ 的确定

(1)当单个构件测区数少于 10 个时,该构件的混凝土强度推定值 $f_{cu,e}$ 取构件中最小的测区混凝土强度换算值 $f_{cu,min}$。

(2)当单个构件测区强度换算值中出现小于 10.0 MPa 时,该构件的混凝土强度推定值判定为 $f_{cu,e} \leqslant 10.0$ MPa。

(3)当单个构件测区数 $n \geqslant 10$ 个时,应按下列公式计算:

①该构件测区混凝土强度的平均值 $m_{f_{cu}^c}$ 按式(9 – 6)计算,精确至 0.1 MPa:

$$m_{f_{cu}^c} = \frac{\sum\limits_{i=1}^{n} f_{cu,i}^c}{n} \tag{9-6}$$

②该构件测区混凝土强度的标准差 $S_{f_{cu}^c}$ 按式(9 – 7)计算,精确至 0.01 MPa:

$$S_{f_{cu}^c} = \sqrt{\frac{\sum\limits_{i=1}^{n}(f_{cu,i}^c)^2 - n(m_{f_{cu}^c})^2}{n-1}} \tag{9-7}$$

③该构件混凝土强度的推定值 $f_{cu,e}$ 按式(9 – 8)计算,精确至 0.1 MPa:

$$f_{cu,e} = m_{f_{cu}^c} - 1.645 S_{f_{cu}^c} \tag{9-8}$$

(4)当按批量检测验收时,该批构件混凝土强度的推定值 $f_{cu,e}$ 按式(9 – 8)计算,精确至 0.1 MPa。

(5)对按批量检测的构件,当该批构件混凝土强度标准差出现下列情况之一时,则该批构件应全部按单个构件检测评定:

①当该批构件混凝土强度的平均值 $m_{f_{cu}^c} < 25$ MPa,且标准差 $S_{f_{cu}^c} \geqslant 4.5$ MPa 时。

②当该批构件混凝土强度的平均值 25 MPa $\leqslant m_{f_{cu}^c} \leqslant 60$ MPa,且 $S_{f_{cu}^c} \geqslant 5.5$ MPa 时。

7.3 测区混凝土强度的修正

(1)当检测条件与测强曲线的适用条件有较大差异时,可采用同条件养护试件或在构件上钻取混凝土芯样进行修正,同一强度等级的试件或钻取芯样数量不应少于 6 个,试件尺寸为 150 mm×150 mm×150 mm,芯样尺寸为 $\phi100 \times 100$ mm。芯样应在测区内钻取。

(2)第 i 个测区修正后的混凝土强度换算值 $f_{cu,i1}^c$ 按式(9 – 9)计算,精确至 0.1 MPa。

$$f_{cu,i1}^c = f_{cu,i0}^c + \Delta_{tot} \tag{9-9}$$

其中 $\Delta_{tot} = \dfrac{1}{N}\sum\limits_{i=1}^{N} f_{cu,i}^c - \dfrac{1}{n}\sum\limits_{i=1}^{n} f_{cu,i}^c$

式中:$f_{cu,i0}^c$——第 i 个测区修正前的混凝土强度换算值,精确至 0.1 MPa;

Δ_{tot}——测区混凝土强度的修正量，精确至 0.1 MPa；

$f_{cu,i}$——第 i 个同条件养护混凝土立方体试块（或芯样试件）的抗压强度值，精确至 0.1 MPa；

$f_{cu,i}^c$——对应于第 i 个芯样部位或同条件立方体试块测区的混凝土强度换算值，精确至 0.1 MPa；

N——芯样或试件数量；

n——回弹测区数量。

7.4 不适用条件

有下列情况之一者，测区混凝土强度不得按规程 JGJ/T 23—2011 附录 A 或附录 B 进行强度换算：

（1）非泵送混凝土粗骨料最大公称粒径大于 60 mm，泵送混凝土粗骨料最大公称粒径大于 31.5 mm。

（2）特种成型工艺制作的混凝土。

（3）检测部位曲率半径小于 250 mm。

（4）潮湿或浸水混凝土。

7.5 误差要求

采用"统一测强曲线"换算测区混凝土强度时，其强度误差值应满足下列规定：

（1）平均相对误差不应大于 ±15.0%；

（2）相对标准差不应大于 ±18.0%。

8. 检测记录与报告

检测报告中应报告工程名称、施工单位、委托单位、混凝土类型、检测构件名称、构件编号、混凝土设计强度等级、浇筑日期、检测日期、检测依据、检测环境条件、检测仪器设备以及测区混凝土抗压强度换算值的最小值、平均值、标准差和构件现龄期混凝土强度推定值等内容。

检测记录表见"实训记录与报告"第 20 页。

附　录

测区混凝土强度换算表

平均回弹值 R_m	测区混凝土强度换算值 $f^c_{cu,i}$/MPa 平均碳化深度值 d_m/mm												
	0	0.5	1.0	1.5	2.0	2.5	3.0	3.5	4.0	4.5	5.0	5.5	≥6.0
20.0	10.3	10.1	—	—	—	—	—	—	—	—	—	—	—
20.2	10.5	10.3	10.0	—	—	—	—	—	—	—	—	—	—
20.4	10.7	10.5	10.2	—	—	—	—	—	—	—	—	—	—
20.6	11.0	10.8	10.4	10.1	—	—	—	—	—	—	—	—	—
20.8	11.2	11.0	10.6	10.3	—	—	—	—	—	—	—	—	—
21.0	11.4	11.2	10.8	10.5	10.0	—	—	—	—	—	—	—	—
21.2	11.6	11.4	11.0	10.7	10.2	—	—	—	—	—	—	—	—
21.4	11.8	11.6	11.2	10.9	10.4	10.0	—	—	—	—	—	—	—
21.6	12.0	11.8	11.4	11.0	10.6	10.2	—	—	—	—	—	—	—
21.8	12.3	12.1	11.7	11.3	10.8	10.5	10.1	—	—	—	—	—	—
22.0	12.5	12.2	11.9	11.5	11.0	10.6	10.2	—	—	—	—	—	—
22.2	12.7	12.4	12.1	11.7	11.2	10.8	10.4	10.0	—	—	—	—	—
22.4	13.0	12.7	12.4	12.0	11.4	11.0	10.7	10.3	10.0	—	—	—	—
22.6	13.2	12.9	12.5	12.1	11.6	11.2	10.8	10.4	10.2	—	—	—	—
22.8	13.4	13.1	12.7	12.3	11.8	11.4	11.0	10.6	10.3	—	—	—	—
23.0	13.7	13.4	13.0	12.6	12.1	11.6	11.2	10.8	10.5	10.1	—	—	—
23.2	13.9	13.6	13.2	12.8	12.2	11.8	11.4	11.0	10.7	10.3	10.0	—	—
23.4	14.1	13.8	13.4	13.0	12.4	12.0	11.6	11.2	10.9	10.4	10.2	—	—
23.6	14.4	14.1	13.7	13.2	12.7	12.2	11.8	11.4	11.1	10.7	10.4	10.1	—
23.8	14.6	14.3	13.9	13.4	12.8	12.4	12.0	11.5	11.2	10.8	10.5	10.2	—
24.0	14.9	14.6	14.2	13.7	13.1	12.7	12.2	11.8	11.5	11.0	10.7	10.4	10.1
24.2	15.1	14.8	14.3	13.9	13.3	12.8	12.4	11.9	11.6	11.2	10.9	10.6	10.3
24.4	15.4	15.1	14.6	14.2	13.6	13.1	12.6	12.2	11.9	11.4	11.1	10.8	10.4
24.6	15.6	15.3	14.8	14.4	13.7	13.3	12.8	12.3	12.0	11.5	11.2	10.9	10.6
24.8	15.9	15.6	15.1	14.6	14.0	13.5	13.0	12.6	12.2	11.8	11.4	11.1	10.7
25.0	16.2	15.9	15.4	14.9	14.3	13.8	13.3	12.8	12.5	12.0	11.7	11.3	10.9
25.2	16.4	16.1	15.6	15.1	14.4	13.9	13.4	13.0	12.6	12.1	11.8	11.5	11.0
25.4	16.7	16.4	15.9	15.4	14.7	14.2	13.7	13.2	12.9	12.4	12.0	11.7	11.2
25.6	16.9	16.6	16.1	15.7	14.9	14.4	13.9	13.4	13.0	12.5	12.2	11.8	11.3
25.8	17.2	16.9	16.3	15.8	15.1	14.6	14.1	13.6	13.2	12.7	12.4	12.0	11.5
26.0	17.5	17.2	16.6	16.1	15.4	14.9	14.4	13.8	13.5	13.0	12.6	12.2	11.6
26.2	17.8	17.4	16.9	16.4	15.7	15.1	14.6	14.0	13.7	13.2	12.8	12.4	11.8
26.4	18.0	17.6	17.1	16.6	15.8	15.3	14.8	14.2	13.9	13.3	13.0	12.6	12.0
26.6	18.3	17.9	17.4	16.8	16.1	15.6	15.0	14.4	14.1	13.5	13.2	12.8	12.1
26.8	18.6	18.2	17.7	17.1	16.4	15.8	15.3	14.6	14.3	13.8	13.4	12.9	12.3

平均回弹值 R_m	测区混凝土强度换算值 $f_{cu,i}$/MPa												
	平均碳化深度值 d_m/mm												
	0	0.5	1.0	1.5	2.0	2.5	3.0	3.5	4.0	4.5	5.0	5.5	≥6.0
27.0	18.9	18.5	18.0	17.4	16.6	16.1	15.5	14.8	14.6	14.0	13.6	13.1	12.4
27.2	19.1	18.7	18.1	17.6	16.8	16.2	15.7	15.0	14.7	14.1	13.8	13.3	12.6
27.4	19.4	19.0	18.4	17.8	17.0	16.4	15.9	15.2	14.9	14.3	14.0	13.4	12.7
27.6	19.7	19.3	18.7	18.0	17.2	16.6	16.1	15.4	15.1	14.5	14.1	13.6	12.9
27.8	20.0	19.6	19.0	18.2	17.4	16.8	16.3	15.6	15.3	14.7	14.2	13.7	13.0
28.0	20.3	19.7	19.2	18.4	17.6	17.0	16.5	15.8	15.4	14.8	14.4	13.9	13.2
28.2	20.6	20.0	19.5	18.6	17.8	17.2	16.7	16.0	15.6	15.0	14.6	14.0	13.3
28.4	20.9	20.3	19.7	18.8	18.0	17.4	16.9	16.2	15.8	15.2	14.8	14.2	13.5
28.6	21.2	20.6	20.0	19.1	18.2	17.6	17.1	16.4	16.0	15.4	15.0	14.3	13.6
28.8	21.5	20.9	20.2	19.4	18.5	17.8	17.3	16.6	16.2	15.6	15.2	14.5	13.8
29.0	21.8	21.1	20.5	19.6	18.7	18.1	17.5	16.8	16.4	15.8	15.4	14.6	13.9
29.2	22.1	21.4	20.8	19.9	19.0	18.3	17.7	17.0	16.6	16.0	15.6	14.8	14.1
29.4	22.4	21.7	21.1	20.2	19.3	18.6	17.9	17.2	16.8	16.2	15.8	15.0	14.2
29.6	22.7	22.0	21.3	20.4	19.5	18.8	18.2	17.5	17.0	16.4	16.0	15.1	14.4
29.8	23.0	22.3	21.6	20.7	19.8	19.1	18.4	17.7	17.2	16.6	16.2	15.3	14.5
30.0	23.3	22.6	21.9	21.0	20.0	19.3	18.6	17.9	17.4	16.8	16.4	15.4	14.7
30.2	23.6	22.9	22.2	21.2	20.3	19.6	18.9	18.2	17.6	17.0	16.6	15.6	14.9
30.4	23.9	23.2	22.5	21.5	20.6	19.8	19.1	18.4	17.8	17.2	16.8	15.8	15.1
30.6	24.3	23.6	22.8	21.9	20.9	20.2	19.4	18.7	18.0	17.5	17.0	16.0	15.2
30.8	24.6	23.9	23.1	22.1	21.2	20.4	19.7	18.9	18.2	17.7	17.2	16.2	15.4
31.0	24.9	24.2	23.4	22.4	21.4	20.7	19.9	19.2	18.4	17.9	17.4	16.4	15.5
31.2	25.2	24.4	23.7	22.7	21.7	20.9	20.2	19.4	18.6	18.1	17.6	16.6	15.7
31.4	25.6	24.8	24.1	23.0	22.0	21.2	20.5	19.7	18.9	18.4	17.8	16.9	15.8
31.6	25.9	25.1	24.3	23.3	22.3	21.5	20.7	19.9	19.2	18.6	18.0	17.1	16.0
31.8	26.2	25.4	24.6	23.6	22.5	21.7	21.0	20.2	19.4	18.9	18.2	17.3	16.2
32.0	26.5	25.7	24.9	23.9	22.8	22.0	21.2	20.4	19.6	19.1	18.4	17.5	16.4
32.2	26.9	26.1	25.3	24.2	23.1	22.3	21.5	20.7	19.9	19.4	18.6	17.7	16.6
32.4	27.2	26.4	25.6	24.5	23.4	22.6	21.8	20.9	20.1	19.6	18.8	17.9	16.8
32.6	27.6	26.8	25.9	24.8	23.7	22.9	22.1	21.3	20.4	19.9	19.0	18.1	17.0
32.8	27.9	27.1	26.2	25.1	24.0	23.2	22.3	21.5	20.6	20.1	19.2	18.3	17.2
33.0	28.2	27.4	26.5	25.4	24.3	23.4	22.6	21.7	20.9	20.3	19.4	18.5	17.4
33.2	28.6	27.7	26.8	25.7	24.6	23.7	22.9	22.0	21.2	20.5	19.6	18.7	17.6
33.4	28.9	28.0	27.1	26.0	24.9	24.1	23.1	22.3	21.4	20.7	19.8	18.9	17.8
33.6	29.3	28.4	27.4	26.4	25.2	24.2	23.3	22.6	21.7	20.9	20.0	19.1	18.0
33.8	29.6	28.7	27.7	26.6	25.4	24.4	23.5	22.8	21.9	21.1	20.2	19.3	18.2
34.0	30.0	29.1	28.0	26.8	25.6	24.6	23.7	23.0	22.1	21.3	20.4	19.5	18.3
34.2	30.3	29.4	28.3	27.0	25.8	24.8	23.9	23.2	22.3	21.5	20.6	19.7	18.4
34.4	30.7	29.8	28.6	27.2	26.0	25.0	24.1	23.4	22.5	21.7	20.8	19.8	18.6
34.6	31.1	30.2	28.9	27.4	26.2	25.2	24.3	23.6	22.7	21.9	21.0	20.0	18.8
34.8	31.4	30.5	29.2	27.6	26.4	25.4	24.5	23.8	22.9	22.1	21.2	20.2	19.0
35.0	31.8	30.8	29.6	28.0	26.7	25.8	24.8	24.0	23.2	22.3	21.4	20.4	19.2
35.2	32.1	31.1	29.9	28.2	27.0	26.0	25.0	24.2	23.4	22.5	21.6	20.6	19.4

续上表

平均回弹值 R_m	测区混凝土强度换算值 $f^c_{cu, i}$/MPa												
	平均碳化深度值 d_m/mm												
	0	0.5	1.0	1.5	2.0	2.5	3.0	3.5	4.0	4.5	5.0	5.5	≥6.0
35.4	32.5	31.5	30.2	28.6	27.3	26.3	25.4	24.4	23.7	22.8	21.8	20.8	19.6
35.6	32.9	31.9	30.6	29.0	27.6	26.6	25.7	24.7	24.0	23.0	22.0	21.0	19.8
35.8	33.3	32.3	31.0	29.3	28.0	27.0	26.0	25.0	24.3	23.3	22.2	21.2	20.0
36.0	33.6	32.6	31.2	29.6	28.2	27.2	26.2	25.2	24.5	23.5	22.4	21.4	20.2
36.2	34.0	33.0	31.6	29.9	28.6	27.5	26.5	25.5	24.8	23.8	22.6	21.6	20.4
36.4	34.4	33.4	32.0	30.3	28.9	27.9	26.8	25.8	25.1	24.1	22.8	21.8	20.6
36.6	34.8	33.8	32.4	30.6	29.2	28.2	27.1	26.1	25.4	24.4	23.0	22.0	20.9
36.8	35.2	34.1	32.7	31.0	29.6	28.5	27.5	26.4	25.7	24.6	23.2	22.2	21.1
37.0	35.5	34.4	33.0	31.2	29.8	28.8	27.7	26.6	25.9	24.8	23.4	22.4	21.3
37.2	35.9	34.8	33.4	31.6	30.2	29.1	28.0	26.9	26.2	25.1	23.7	22.6	21.5
37.4	36.3	35.2	33.8	31.9	30.5	29.4	28.3	27.2	26.5	25.4	24.0	22.9	21.8
37.6	36.7	35.6	34.1	32.3	30.8	29.7	28.6	27.5	26.8	25.7	24.2	23.1	22.0
37.8	37.1	36.0	34.5	32.6	31.2	30.0	28.9	27.8	27.1	26.0	24.5	23.4	22.3
38.0	37.5	36.4	34.9	33.0	31.5	30.3	29.2	28.1	27.4	26.2	24.8	23.6	22.5
38.2	37.9	36.8	35.2	33.4	31.8	30.6	29.5	28.4	27.7	26.5	25.0	23.9	22.7
38.4	38.3	37.2	35.6	33.7	32.1	30.9	29.8	28.7	28.0	26.8	25.3	24.1	23.0
38.6	38.7	37.5	36.0	34.1	32.4	31.2	30.1	29.0	28.3	27.0	25.5	24.4	23.2
38.8	39.1	37.9	36.4	34.4	32.7	31.5	30.4	29.3	28.5	27.2	25.8	24.6	23.5
39.0	39.5	38.2	36.7	34.7	33.0	31.8	30.6	29.6	28.8	27.4	26.0	24.8	23.7
39.2	39.9	38.5	37.0	35.0	33.3	32.1	30.8	29.8	29.0	27.6	26.2	25.0	24.0
39.4	40.3	38.8	37.3	35.3	33.6	32.4	31.0	30.0	29.2	27.8	26.4	25.2	24.2
39.6	40.7	39.1	37.6	35.6	33.9	32.7	31.2	30.2	29.4	28.0	26.6	25.4	24.4
39.8	41.2	39.6	38.0	35.9	34.2	33.0	31.4	30.5	29.7	28.2	26.8	25.6	24.7
40.0	41.6	39.9	38.3	36.2	34.5	33.3	31.7	30.8	30.0	28.4	27.0	25.8	25.0
40.2	42.0	40.3	38.6	36.5	34.8	33.6	32.0	31.1	30.2	28.6	27.3	26.0	25.2
40.4	42.4	40.7	39.0	36.9	35.1	33.9	32.3	31.4	30.5	28.8	27.6	26.2	25.4
40.6	42.8	41.1	39.4	37.2	35.4	34.2	31.7	30.8	29.1	27.8	26.5	25.7	
40.8	43.3	41.6	39.8	37.7	35.7	34.5	32.9	32.0	31.2	29.4	28.1	26.8	26.0
41.0	43.7	42.0	40.2	38.0	36.0	34.8	33.2	32.3	31.5	29.7	28.4	27.1	26.2
41.2	44.1	42.3	40.6	38.4	36.3	35.1	33.5	32.6	31.8	30.0	28.7	27.3	26.5
41.4	44.5	42.7	40.9	38.7	36.6	35.4	33.8	32.9	32.0	30.3	28.9	27.6	26.7
41.6	45.0	43.2	41.4	39.2	36.9	35.7	34.2	33.3	32.4	30.6	29.2	27.9	27.0
41.8	45.4	43.6	41.8	39.5	37.2	36.0	34.5	33.6	32.7	30.9	29.5	28.1	27.2
42.0	45.9	44.1	42.2	39.9	37.6	36.3	34.9	34.0	33.0	31.2	29.8	28.5	27.5
42.2	46.3	44.4	42.6	40.3	38.0	36.6	35.2	34.3	33.3	31.5	30.1	28.7	27.8
42.4	46.7	44.8	43.0	40.6	38.3	36.9	35.5	34.6	33.6	31.8	30.4	29.0	28.0
42.6	47.2	45.3	43.4	41.1	38.7	37.3	35.9	34.9	34.0	32.1	30.7	29.3	28.3
42.8	47.6	45.7	43.8	41.4	39.0	37.6	36.2	35.2	34.3	32.4	30.9	29.5	28.6
43.0	48.1	46.2	44.2	41.8	39.4	38.0	36.6	35.6	34.6	32.7	31.3	29.8	28.9
43.2	48.5	46.6	44.6	42.2	39.8	38.3	36.9	35.9	34.9	33.0	31.5	30.1	29.1
43.4	49.0	47.0	45.1	42.6	40.2	38.7	37.3	36.3	35.3	33.3	31.8	30.4	29.4
43.6	49.4	47.4	45.4	43.0	40.5	39.0	37.5	36.6	35.6	33.6	32.1	30.6	29.6

平均回弹值 R_m	测区混凝土强度换算值 $f^c_{cu,i}$ /MPa 平均碳化深度值 d_m /mm												
	0	0.5	1.0	1.5	2.0	2.5	3.0	3.5	4.0	4.5	5.0	5.5	≥6.0
43.8	49.9	47.9	45.9	43.4	40.9	39.4	37.9	36.9	35.9	33.9	32.4	30.9	29.9
44.0	50.4	48.4	46.4	43.8	41.3	39.8	38.3	37.3	36.3	34.3	32.8	31.2	30.2
44.2	50.8	48.8	46.7	44.2	41.7	40.1	38.6	37.6	36.6	34.5	33.0	31.5	30.5
44.4	51.3	49.2	47.2	44.6	42.1	40.5	39.0	38.0	36.9	34.9	33.3	31.8	30.8
44.6	51.7	49.6	47.6	45.0	42.4	40.8	39.3	38.3	37.2	35.2	33.6	32.1	31.0
44.8	52.2	50.1	48.0	45.4	42.8	41.2	39.7	38.6	37.6	35.5	33.9	32.4	31.3
45.0	52.7	50.6	48.5	45.8	43.2	41.6	40.1	39.0	37.9	35.8	34.3	32.7	31.6
45.2	53.2	51.1	48.9	46.3	43.6	42.0	40.4	39.4	38.3	36.2	34.6	33.0	31.9
45.4	53.6	51.5	49.4	46.6	44.0	42.3	40.7	39.7	38.6	36.4	34.8	33.2	32.2
45.6	54.1	51.9	49.8	47.1	44.4	42.7	41.1	40.0	39.0	36.8	35.2	33.5	32.5
45.8	54.6	52.4	50.2	47.5	44.8	43.1	41.5	40.4	39.3	37.1	35.5	33.9	32.8
46.0	55.0	52.8	50.6	47.9	45.2	43.5	41.9	40.8	39.7	37.5	35.8	34.2	33.1
46.2	55.5	53.3	51.1	48.3	45.5	43.8	42.2	41.1	40.0	37.7	36.1	34.4	33.3
46.4	56.0	53.8	51.5	48.7	45.9	44.2	42.6	41.4	40.3	38.1	36.4	34.7	33.6
46.6	56.5	54.2	52.0	49.2	46.3	44.6	42.9	41.8	40.7	38.4	36.7	35.0	33.9
46.8	57.0	54.7	52.4	49.6	46.7	45.0	43.3	42.2	41.0	38.8	37.0	35.3	34.2
47.0	57.5	55.2	52.9	50.0	47.2	45.2	43.7	42.6	41.4	39.1	37.4	35.6	34.5
47.2	58.0	55.7	53.4	50.5	47.6	45.8	44.1	42.9	41.8	39.4	37.7	36.0	34.8
47.4	58.5	56.2	53.8	50.9	48.0	46.2	44.5	43.3	42.1	39.8	38.0	36.3	35.1
47.6	59.0	56.6	54.3	51.3	48.4	46.6	44.8	43.7	42.5	40.1	38.4	36.6	35.4
47.8	59.5	57.1	54.7	51.8	48.8	47.0	45.2	44.0	42.8	40.5	38.7	36.9	35.7
48.0	60.0	57.6	55.2	52.2	49.2	47.4	45.6	44.4	43.2	40.8	39.0	37.2	36.0
48.2	—	58.0	55.7	52.6	49.6	47.8	46.0	44.8	43.6	41.1	39.3	37.5	36.3
48.4	—	58.6	56.1	53.1	50.0	48.2	46.4	45.1	43.9	41.5	39.6	37.8	36.6
48.6	—	59.0	56.6	53.5	50.4	48.6	46.7	45.5	44.3	41.8	40.0	38.1	36.9
48.8	—	59.5	57.1	54.0	50.9	49.0	47.1	45.9	44.6	42.2	40.3	38.4	37.2
49.0	—	60.0	57.5	54.4	51.3	49.4	47.5	46.2	45.0	42.5	40.6	38.8	37.5
49.2	—	—	58.0	54.8	51.7	49.8	47.9	46.6	45.4	42.8	41.0	39.1	37.8
49.4	—	—	58.5	55.3	52.1	50.2	48.3	47.1	45.8	43.2	41.3	39.4	38.2
49.6	—	—	58.9	55.7	52.5	50.6	48.7	47.4	46.2	43.6	41.7	39.7	38.5
49.8	—	—	59.4	56.2	53.0	51.0	49.1	47.8	46.5	43.9	42.0	40.1	38.8
50.0	—	—	59.9	56.7	53.4	51.4	49.5	48.2	46.9	44.3	42.3	40.4	39.1
50.2	—	—	—	57.1	53.8	51.9	49.9	48.5	47.2	44.6	42.6	40.7	39.4
50.4	—	—	—	57.6	54.3	52.3	50.3	49.0	47.7	45.0	43.0	41.0	39.7
50.6	—	—	—	58.0	54.7	52.7	50.7	49.4	48.0	45.4	43.4	41.4	40.0
50.8	—	—	—	58.5	55.1	53.1	51.1	49.8	48.4	45.7	43.7	41.7	40.3
51.0	—	—	—	59.0	55.6	53.5	51.5	50.1	48.8	46.1	44.1	42.0	40.7
51.2	—	—	—	59.4	56.0	54.0	51.9	50.5	49.2	46.4	44.4	42.3	41.0
51.4	—	—	—	59.9	56.4	54.4	52.3	50.9	49.6	46.8	44.7	42.7	41.3
51.6	—	—	—	—	56.9	54.8	52.7	51.3	50.0	47.2	45.1	43.0	41.6
51.8	—	—	—	—	57.3	55.2	53.1	51.7	50.3	47.5	45.4	43.3	41.8
52.0	—	—	—	—	57.8	55.7	53.6	52.1	50.7	47.9	45.8	43.7	42.3

续上表

平均回弹值 R_m	测区混凝土强度换算值 $f^c_{cu,i}$ /MPa												
	平均碳化深度值 d_m /mm												
	0	0.5	1.0	1.5	2.0	2.5	3.0	3.5	4.0	4.5	5.0	5.5	≥6.0
52.2	—	—	—	—	58.2	56.1	54.0	52.5	51.1	48.3	46.2	44.0	42.6
52.4	—	—	—	—	58.7	56.5	54.4	53.0	51.5	48.7	46.5	44.4	43.0
52.6	—	—	—	—	59.1	57.0	54.8	53.4	51.9	49.0	46.9	44.7	43.3
52.8	—	—	—	—	59.6	57.4	55.2	53.8	52.3	49.4	47.3	45.1	43.6
53.0	—	—	—	—	60.0	57.8	55.6	54.2	52.7	49.8	47.6	45.4	43.9
53.2	—	—	—	—	—	58.3	56.1	54.6	53.1	50.2	48.0	45.8	44.3
53.4	—	—	—	—	—	58.7	56.5	55.0	53.5	50.5	48.3	46.1	44.6
53.6	—	—	—	—	—	59.2	56.9	55.4	53.9	50.9	48.7	46.4	44.9
53.8	—	—	—	—	—	59.6	57.3	55.8	54.3	51.3	49.0	46.8	45.3
54.0	—	—	—	—	—	—	57.8	56.3	54.7	51.7	49.4	47.1	45.6
54.2	—	—	—	—	—	—	58.2	56.7	55.1	52.1	49.8	47.5	46.0
54.4	—	—	—	—	—	—	58.6	57.1	55.6	52.5	50.2	47.9	46.3
54.6	—	—	—	—	—	—	59.1	57.5	56.0	52.9	50.5	48.2	46.6
54.8	—	—	—	—	—	—	59.5	57.9	56.4	53.2	50.9	48.5	47.0
55.0	—	—	—	—	—	—	59.9	58.4	56.8	53.6	51.3	48.9	47.3
55.2	—	—	—	—	—	—	—	58.8	57.2	54.0	51.6	49.3	47.7
55.4	—	—	—	—	—	—	—	59.2	57.6	54.4	52.0	49.6	48.0
55.6	—	—	—	—	—	—	—	59.7	58.0	54.8	52.4	50.0	48.4
55.8	—	—	—	—	—	—	—	—	58.5	55.2	52.8	50.3	48.7
56.0	—	—	—	—	—	—	—	—	58.9	55.6	53.2	50.7	49.1
56.2	—	—	—	—	—	—	—	—	59.3	56.0	53.5	51.1	49.4
56.4	—	—	—	—	—	—	—	—	59.7	56.4	53.9	51.4	49.8
56.6	—	—	—	—	—	—	—	—	—	56.8	54.3	51.8	50.1
56.8	—	—	—	—	—	—	—	—	—	57.2	54.7	52.2	50.5
57.0	—	—	—	—	—	—	—	—	—	57.6	55.1	52.5	50.8
57.2	—	—	—	—	—	—	—	—	—	58.0	55.5	52.9	51.2
57.4	—	—	—	—	—	—	—	—	—	58.4	55.9	53.3	51.6
57.6	—	—	—	—	—	—	—	—	—	58.9	56.3	53.7	51.9
57.8	—	—	—	—	—	—	—	—	—	59.3	56.7	54.0	52.3
58.0	—	—	—	—	—	—	—	—	—	59.7	57.0	54.4	52.7
58.2	—	—	—	—	—	—	—	—	—	—	57.4	54.8	53.0
58.4	—	—	—	—	—	—	—	—	—	—	57.8	55.2	53.4
58.6	—	—	—	—	—	—	—	—	—	—	58.2	55.6	53.8
58.8	—	—	—	—	—	—	—	—	—	—	58.6	55.9	54.1
59.0	—	—	—	—	—	—	—	—	—	—	59.0	56.3	54.5
59.2	—	—	—	—	—	—	—	—	—	—	59.4	56.7	54.9
59.4	—	—	—	—	—	—	—	—	—	—	59.8	57.1	55.2
59.6	—	—	—	—	—	—	—	—	—	—	—	57.5	55.6
59.8	—	—	—	—	—	—	—	—	—	—	—	57.9	56.0
60.0	—	—	—	—	—	—	—	—	—	—	—	58.3	56.4

注：本表系按全国统一曲线制定。

参考文献

[1] 中华人民共和国国家标准《工程岩体试验方法标准》GB/T 50266—1999. 北京：中国标准出版社，1999

[2] 中华人民共和国行业标准《铁路工程岩石试验规程》TB 10115—1998. 北京：中国铁道出版社，1998

[3] 中华人民共和国行业标准《公路工程岩石试验规程》JTG E41—2005. 北京：人民交通出版社，2005

[4] 中华人民共和国国家标准《土工试验方法标准》GB/T 50123—1999. 北京：中国计划出版社，2007

[5] 中华人民共和国行业标准《公路土工试验规程》JTG E40—2007. 北京：人民交通出版社，2007

[6] 中华人民共和国行业标准《铁路工程土工试验规程》TB 10102—2010. 北京：中国铁道出版社，2010

[7] 中华人民共和国国家标准《水泥细度检验方法（筛析法）》GB/T 1345—2005. 北京：中国标准出版社，2005

[8] 中华人民共和国行业标准《公路工程水泥及水泥混凝土试验规程》JTG E30—2005. 北京：人民交通出版社，2005

[9] 中华人民共和国国家标准《水泥比表面积测定方法（勃氏法）》GB/T 8074—2008. 北京：中国标准出版社，2008

[10] 中华人民共和国国家标准《水泥标准稠度用水量、凝结时间、安定性检验方法》GB/T 1346—2011. 北京：中国标准出版社，2012

[11] 中华人民共和国国家标准《水泥胶砂强度检验方法（ISO 法）》GB/T 17671—1999. 北京：中国标准出版社，1998

[12] 中华人民共和国行业标准《普通混凝土用砂、石质量及检验方法标准》JGJ 52—2006. 北京：中国建筑工业出版社，2007

[13] 中华人民共和国国家标准《建设用砂》GB/T 14684—2011. 北京：中国标准出版社，2012

[14] 中华人民共和国国家标准《建设用碎石、卵石》GB/T 14685—2011. 北京：中国标准出版社，2012

[15] 中华人民共和国行业标准《公路工程集料试验规程》JTG E 42—2005. 北京：人民交通出版社，2005

[16] 中华人民共和国国家标准《普通混凝土拌合物性能试验方法标准》GB/T50080—2002. 北京：中国建筑工业出版社，2003

[17] 中华人民共和国国家标准《普通混凝土力学性能试验方法标准》GB/T50081—2002. 北京：中国建筑工业出版社，2003

[18] 中华人民共和国行业标准《公路工程水泥及水泥混凝土试验规程》JTG E30—2005. 北京：人民交通出版社，2005

[19] 中华人民共和国行业标准《建筑砂浆基本性能试验方法》JGJ/T 70—2009. 北京：中国建筑工业出版社，2009

[20] 中华人民共和国国家标准《金属材料 拉伸试验 第1部分：室温试验方法》GB/T 228.1—2010. 北京：中国标准出版社，2011

[21] 中华人民共和国国家标准《金属材料弯曲试验方法》GB/T232—2010. 北京：中国标准出版社，2011

[22] 中华人民共和国国家标准《砌墙砖试验方法》GB/T 2542—2003. 北京：中国标准出版社，2003

[23] 中华人民共和国国家标准《混凝土小型空心砌块试验方法》GB/T 4111—1997. 北京：中国标准出版社，1997

[24] 中华人民共和国国家标准《沥青针入度测定法》GB/T 4509—2010. 北京：中国标准出版社，2011

[25] 中华人民共和国国家标准《沥青软化点测定法（环球法）》GB/T 4507—1999. 北京：中国标准出版社，2000

[26] 中华人民共和国国家标准《沥青延度测定法》GB/T 4508—2010. 北京：中国标准出版社，2011

[27] 中华人民共和国行业标准《公路工程沥青及沥青混合料试验规程》JTG E20—2011. 北京：人民交通出版社，2011

[28] 中华人民共和国行业标准《回弹法检测混凝土抗压强度技术规程》JGJ/T 23—2011. 北京：中国建筑工业出版社，2011

建 筑 材 料 检 测
实 训 记 录 与 报 告

班　级：＿＿＿＿＿＿＿＿

组　别：＿＿＿＿＿＿＿＿

姓　名：＿＿＿＿＿＿＿＿

目 录 CONTENTS

岩石抗压强度及软化系数检测记录表

样品名称		样品编号	
规格型号		检测依据	
样品来源		检测环境	
样品性状		取样日期	
主要仪器	岩石切割机、取芯机、双端面磨平机、游标卡尺、钢直尺、压力试验机	检测日期	

试件编号	试件尺寸/mm				受压面积/mm²	破坏荷载/kN	试件干湿状态	抗压强度/MPa		软化系数 K_R
	长	宽	高	直径				单块值 f_i	平均值 $\bar{f}$	
①										
②										
③						饱水状态				
④										
⑤										
⑥										
①										
②										
③						干燥状态				
④										
⑤										
⑥										

结论:

检测:　　　　　　　记录:　　　　　　　复核:

土样界限含水率试验记录表

样品名称				样品编号	
规格型号				试验依据	
样品来源				试验环境	
样品性状				取样日期	
主要仪器	电子天平/0.01 g、数字液塑限联合测定仪、电热烘箱			试验日期	

圆锥仪质量/g				试杯规格/mm			
试验次数		1	2	3	4	5	
入锥深度 h/mm	h_1						
	h_2						
	平均						
含水率 w	盒号						
	盒 + 湿土/g						
	盒 + 干土/g						
	盒质量/g						
	水分质量/g						
	干土质量/g						
	含水率/%						
	平　均/%						
液限入锥深度 h_L/mm			液限 w_L/%			液性指数 I_L	
塑限入锥深度 h_P/mm			塑限 w_P/%			塑性指数 I_P	
回归方程		$w = a + bh =$				相关系数 γ	

结论：

试验：　　　　　　　记录：　　　　　　　复核：

土样颗粒级配筛分析试验记录表

样品名称		样品编号	
规格型号		试验依据	
样品来源		试验环境	
样品性状		取样日期	
主要仪器	电子天平/0.1 g、土样分析套筛、电热烘箱、振筛机	试验日期	

筛前烘干土的总质量/g		小于 0.075 mm 的土占筛前土样总质量百分数/%	
大于 2 mm 的土质量/g		小于 2 mm 的土占筛前土样总质量百分数/%	
小于 2 mm 的土质量/g		小于 2 mm 的土筛分析时取样质量/g	

粗 筛 分 析				细 筛 分 析				
筛孔尺寸/mm	筛余质量/g	小于该孔径土质量/g	小于该孔径土含量/%	筛孔尺寸/mm	筛余质量/g	小于该孔径土质量/g	小于该孔径土含量/%	占总土质量百分数/%
60				2				
40				1				
20				0.5				
10				0.25				
5				0.075				
2								
不均匀系数[$C_u = d_{60}/d_{10}$]			曲率系数[$C_c = d_{30}^2/(d_{10} \cdot d_{60})$]					

土的颗粒级配曲线

结论：

试验： 记录： 复核：

土样击实试验记录表

样品名称		样品编号	
规格型号		试验依据	
样品来源		试验环境	
样品性状		取样日期	
主要仪器	电子天平/0.01 g、电动击实仪、电热烘箱	试验日期	

击实方法		重型击实	层数		每层击数	
击实筒规格/cm				击实筒容积/cm³		

密度	击实筒编号						
	筒＋湿料质量/g						
	击实筒质量/g						
	湿料质量/g						
	湿密度/(g·cm⁻³)						
	干密度/(g·cm⁻³)						

含水率	盒　号											
	盒＋湿料质量/g											
	盒＋干料质量/g											
	盒质量/g											
	水质量/g											
	干料质量/g											
	含水率/%											
	平均含水率/%											

最佳含水率/%		最大干密度/(g·cm⁻³)	

试验：　　　　　　　记录：　　　　　　　复核：

水泥物理力学性能检测记录表（一）

样品名称			样品编号	
牌号/型号			出厂批号	
样品性状	检测前0.9 mm筛（方孔）筛余百分率＿＿＿＿％		取样日期	

一、细度

检测方法	负压筛析法	检测依据	GB/T 1345—2005	检测日期	
主要仪器	电子天平/0.01 g、负压筛析仪、80 μm方孔筛			检测环境	

试验筛编号	筛前水泥质量 m/g	筛后筛余物质量 W/g	筛余百分率 F/% $[F = 100\,W/m]$		试验筛修正系数 C	修正后筛余百分率 F_c/% $[F_c = C \cdot F]$
			单次值	平均值		

二、比表面积

检测依据	GB/T 8074—2008		检测日期	
主要仪器	电子天平/0.001 g、勃氏透气仪、秒表		检测环境	
标准试样的密度 ρ_s/(g·cm^{-3})		标准试样的空隙率 ε_s		
标准试样的比表面积 S_s/(m^2·kg^{-1})		标准试样的透气时间 T_s/s		

水泥试样的密度 ρ/(g·cm^{-3})	试样空隙率 ε	试料层体积 V/cm^3	烘干水泥试样质量 m_s/g $[m_s = \rho \cdot V(1-\varepsilon)]$	透气时间 T/s		水泥比表面积 S/(m^2·kg^{-1}) $\left[S = \dfrac{S_s \rho_s \sqrt{T}(1-\varepsilon_s)\sqrt{\varepsilon^3}}{\rho \sqrt{T_s}(1-\varepsilon)\sqrt{\varepsilon_s^3}}\right]$
				单次值	平均值	

三、标准稠度用水量、凝结时间、安定性

检测依据	GB/T 1346—2011	检测环境		检测日期	
主要仪器	电子天平/0.1g、净浆搅拌机、标准维卡仪、标准养护箱、雷氏夹测定仪、沸煮箱				

标准稠度	测定方法	水泥用量 m_c/g	拌和用水量 m_w/g	试杆距玻璃板面距离/mm	标准稠度用水量/% $[P = 100 m_w/m_c]$
	标准法				

凝结时间	加水时刻	初凝到达时刻	初凝时间/min	终凝到达时刻	终凝时间/min

安定性	测定方法	制件时间	试件沸煮前后情况			结果评定
	试饼法					
	雷氏夹法	试件编号	煮前 A/mm	煮后 C/mm	$C - A$ /mm	
		1				
		2				
		平 均 值				

检测：　　　　　　　　记录：　　　　　　　　复核：

水泥物理力学性能检测记录表(二)

样品名称			样品编号	
牌号/型号			出厂批号	
样品性状	检测前 0.9 mm 筛(方孔)筛余百分率____%		取样日期	

四、胶砂强度

| 检测依据 | GB/T 17671—1999 | | 检测环境 | | | 成型日期 | |

| 主要仪器 | 天平/0.1 g、胶砂搅拌机、胶砂振实台、标准养护箱、电动抗折仪、恒应力压力试验机 |

| 试料用量/g | 水 泥 | | 标准砂 | | 水 | |

| 测强日期 | |

| 龄 期 | 3 d | 28 d |

| 加荷速率 | (50 ± 10)N/s | (2400 ± 200)N/s | (50 ± 10)N/s | (2400 ± 200)N/s |

项目	抗 折		抗 压			抗 折		抗 压	
试件编号	荷载 F_f /N	强度 R_f /MPa	荷载 F_c /kN	强度 R_c /MPa	试件编号	荷载 F_f /N	强度 R_f /MPa	荷载 F_c /kN	强度 R_c /MPa
1					1				
2					2				
3					3				
强度评定值 /MPa									

注:

①按 GB/T 17671 进行胶砂强度检测时,除硅酸盐水泥、普通硅酸盐水泥外,其他水泥(如:火山灰质硅酸盐水泥、粉煤灰硅酸盐水泥、复合硅酸盐水泥和掺火山灰质混合材料的普通硅酸盐水泥),其用水量按 0.50 水灰比和胶砂流动度不小于 180 mm 来确定。当流动度小于 180 mm 时,须以 0.01 的整倍数递增的方法将水灰比调整至胶砂流动度不小于 180 mm;

②$R_f = \dfrac{3F_f \times 100}{2 \times 40^3}$　(MPa);$R_c = \dfrac{1000F_c}{40 \times 40}$　(MPa)。

检测:　　　　　　　　记录:　　　　　　　　复核:

水泥质量检测报告

第 1 页共 1 页

委托单位		样品编号	
工程名称		报告编号	
样品规格		取样日期	
样品来源		检测日期	
出厂批号		报告日期	
代表批量		使用部位	
主要仪器			

检测项目		标 准规定值	检测结果		单项结论	检测依据
细 度/%						GB/T1345—2005
比表面积/(m²·kg⁻¹)						GB/T 8074—2008
标准稠度用水量/%						
凝结时间/min	初凝					GB/T1346—2011
	终凝					
安定性	雷氏夹法					
	试饼法					
胶砂强度			单块值	代表值		
抗折强度/MPa	3 d					GB/T17671—2001
	28 d					
抗压强度/MPa	3 d					
	28 d					

结论：

检测：　　　　　复核：　　　　　审批：　　　　　试验室(盖章)：

声明：

1. 对本检测报告有异议，请在 15 日内向我试验室提出；2. 本检测报告未经我试验室同意不得部分复印（完整复印除外）；3. 本检测报告除签名外如有手写内容或涂改均无效。

试验室地址：　　　　　　　　　　　联系电话：

混凝土用砂（细骨料）质量检测记录表（一）

样品名称		样品编号	
样品来源		出厂批号	
样品性状		取样日期	

一、表观密度（标准法）

检测依据		检测环境		检测日期	
主要仪器	电子天平/0.1 g、电热烘干箱、容量瓶/500 mL、温度计				

检测次数	烘干试样质量 m_0/g	容量瓶装水至刻度＋瓶塞总质量 m_1/g	装入试样后再装水至刻度＋瓶塞总质量 m_2/g	水温 /℃	修正系数 α /(g·cm^{-3})	表观密度 ρ_0/(kg·m^{-3}) $\left[\rho_0 = \left(\dfrac{m_0}{m_0 + m_1 - m_2} - \alpha\right) \times 1000\right]$	
						单次值	平均值
1							
2							

二、堆积密度

检测依据		检测环境		检测日期	
主要仪器	电子天平/0.1 g、容量筒/1 L、专用漏斗				

检测次数	容量筒＋风干试样质量 m_1/g	容量筒质量 m_2/g	容量筒容积 V/L	堆积密度 ρ_L/(kg·m^{-3}) $[\rho_L = (m_1 - m_2)/V]$		松散空隙率 v_L/% $\left[v_L = \left(1 - \dfrac{\rho_L}{\rho_0}\right) \times 100\right]$
				单次值	平均值	
1						
2						

三、紧密密度

检测依据		检测环境		检测日期	
主要仪器	电子天平/0.1 g、容量筒/1 L				

检测次数	容量筒＋风干试样振实质量 m_1/g	容量筒质量 m_2/g	容量筒容积 V/L	紧密密度 ρ_c/(kg·m^{-3}) $[\rho_c = (m_1 - m_2)/V]$		紧密空隙率 v_c/% $\left[v_c = \left(1 - \dfrac{\rho_c}{\rho}\right) \times 100\right]$
				单次值	平均值	
1						
2						

检测：　　　　　　　记录：　　　　　　　复核：

混凝土用砂(细骨料)质量检测记录表(二)

样品名称		样品编号	
样品来源		出厂批号	
样品性状		取样日期	

四、含泥量

检测依据		检测环境		检测日期	
主要仪器	电子天平/0.1 g、试验筛、电热烘干箱				

检测次数	水洗前烘干试样质量 m_0/g	水洗后大于0.075 mm颗粒烘干质量 m_1/g	含泥量 w_c/% [$w_c = 100(m_0 - m_1)/m_0$]	
			单次值	平均值
1				
2				

五、泥块含量

检测依据		检测环境		检测日期	
主要仪器	电子天平/0.1 g、试验筛、电热烘干箱				

检测次数	水洗前大于1.18 mm颗粒烘干质量 m_1/g	水洗后大于0.60 mm颗粒烘干质量 m_2/g	泥块含量 $w_{c,L}$/% [$w_{c,L} = 100(m_1 - m_2)/m_1$]	
			单次值	平均值
1				
2				

六、颗粒级配

检测依据		检测环境		检测日期	
主要仪器	电子天平/0.1 g、标准砂筛、标准振筛机				

筛孔尺寸/mm	分计筛余质量/g		分计筛余 α_i/%		累计筛余百分率 β_i/%			
	1	2	1	2	1	2	平均值	标准规定值
4.75								
2.36								
1.18								
0.60								
0.30								
0.15								
筛底			细度模数 μ_f					
累计质量 $\sum m_i$/g			所在级配区					区
筛前质量 m_0/g		$\mu_f = (\beta_2 + \beta_3 + \beta_4 + \beta_5 + \beta_6 - 5\beta_1)/(100 - \beta_1)$						

检测:　　　　记录:　　　　复核:

混凝土用砂(细骨料)质量检测报告

委托单位		样品编号	
工程名称		报告编号	
样品规格		检测依据	
样品来源		取样日期	
出厂批号		检测日期	
代表批量		报告日期	
主要仪器		使用部位	

序号	检 测 项 目	规范(或设计)规定值			检测结果	单项结论
		混凝土强度等级				
1	表观密度/(kg·m^{-3})					
2	堆积密度/(kg·m^{-3})					
3	紧密密度/(kg·m^{-3})					
4	松散空隙率/%					
5	紧密空隙率/%					
6	含泥量/%					
7	泥块含量/%					
8	颗粒级配					

结论:

检测:　　　　复核:　　　　审批:　　　　试验室(盖章):

声明:

1. 对本检测报告有异议,请在 15 日内向我试验室提出;2.本检测报告未经我试验室同意不得部分复印(完整复印除外);3.本检测报告除签名外如有手写内容或涂改均无效。

试验室地址:　　　　　　　　　　　联系电话:

混凝土用卵/碎石(粗骨料)质量检测记录表(一)

样品名称		样品编号	
样品来源		出厂批号	
样品性状		取样日期	

一、表观密度(简易法)

检测依据		检测环境		检测日期	

主要仪器：电子天平/0.1 g、电热烘干箱、广口瓶/1000 mL、温度计

检测次数	烘干试样质量 m_0/g	广口瓶装满水后瓶+玻璃板总质量 m_1/g	装入试样后再装满水瓶+玻璃板总质量 m_2/g	水温/℃	修正系数 α/(g·cm^{-3})	表观密度 ρ_0/(kg·m^{-3}) $\left[\rho_0 = \left(\dfrac{m_0}{m_0+m_1-m_2} - \alpha\right) \times 1000\right]$	
						单次值	平均值
1							
2							

二、堆积密度

检测依据		检测环境		检测日期	

主要仪器：电子台秤/50 g、容量筒/20 L

检测次数	容量筒+风干试样质量 m_1/g	容量筒质量 m_2/g	容量筒容积 V/L	堆积密度 ρ_L/(kg·m^{-3}) $[\rho_L = (m_1-m_2)/V]$		松散空隙率 v_L/% $\left[v_L = \left(1-\dfrac{\rho_L}{\rho_0}\right) \times 100\right]$
				单次值	平均值	
1						
2						

三、紧密密度

检测依据		检测环境		检测日期	

主要仪器：电子台秤/50 g、容量筒/20 L

检测次数	容量筒+风干试样振实质量 m_1/g	容量筒质量 m_2/g	容量筒容积 V/L	紧密密度 ρ_c/(kg·m^{-3}) $[\rho_c = (m_1-m_2)/V]$		紧密空隙率 v_c/% $\left[v_c = \left(1-\dfrac{\rho_c}{\rho}\right) \times 100\right]$
				单次值	平均值	
1						
2						

四、泥块含量

检测依据		检测环境		检测日期	

主要仪器：电子天平/0.1 g、试验筛、电热烘干箱

检测次数	水洗前大于 4.75 mm 颗粒烘干质量 m_1/g	水洗后大于 2.36 mm 颗粒烘干质量 m_2/g	泥块含量 $w_{c,L}$/% $[w_{c,L} = 100(m_1-m_2)/m_1]$	
			单次值	平均值
1				
2				

检测：　　　　　　记录：　　　　　　复核：

混凝土用卵/碎石(粗骨料)质量检测记录表(二)

样品名称		样品编号	
样品来源		出厂批号	
样品性状		取样日期	

五、颗粒级配

检测依据		检测环境		检测日期	
主要仪器	电子天平/0.1 g、标准石筛				

筛孔尺寸 /mm	分计筛余质量/g		分计筛余 α_i/%		累计筛余百分率 β_i/%			
	1	2	1	2	1	2	平均值	标准规定值
37.5								
31.5								
26.5								
19.0								
16.0								
9.5								
4.75								
2.36								
筛底		级配评定:						
累计质量 $\sum m_i$/g								
筛前质量 m_0/g								

六、针、片状颗粒含量

检测依据		检测环境		检测日期	
主要仪器	电子天平/0.1 g、针片状规准仪				

试样最大粒径/mm	风干试样质量 m_1/g	针、片状颗粒质量 m_2/g	针、片状颗粒含量/% $[w_p = 100m_2/m_1]$

七、压碎值指标

检测依据			检测环境	
主要仪器	电子天平/0.1 g、压碎指标仪、压力试验机		检测日期	

检测次数	(9.5~19.0 mm)风干试样质量 m_1/g	作用荷载 /kN	荷载作用后2.36 mm 筛余质量 m_2/g	压碎指标值/% $[\delta_a = 100(m_1 - m_2)/m_1]$	
				单值	平均值

检测:　　　　　　　记录:　　　　　　　复核:

12

混凝土用卵/碎石(粗骨料)质量检测报告 第1页共1页

委托单位		样品编号	
工程名称		报告编号	
样品规格		检测依据	
样品来源		取样日期	
出厂批号		检测日期	
代表批量		报告日期	
主要仪器		使用部位	

序号	检 测 项 目	规范(或设计)规定值		检测结果	单项结论
		混凝土强度等级			
1	表观密度/(kg·m^{-3})				
2	堆积密度/(kg·m^{-3})				
3	紧密密度/(kg·m^{-3})				
4	松散空隙率/%				
5	紧密空隙率/%				
6	含泥量/%				
7	泥块含量/%				
8	颗粒级配				
9	针片状颗粒含量/%				
10	压碎值指标/%				

结论:

检测: 复核: 审批: 试验室(盖章):

声明:

1.对本检测报告有异议,请在15日内向我试验室提出;2.本检测报告未经我试验室同意不得部分复印(完整复印除外);3.本检测报告除签名外如有手写内容或涂改均无效。

试验室地址: 联系电话:

普通混凝土物理力学性能检测记录表

样品名称		样品编号	
样品性状		取样日期	
取样部位		浇筑方式	

一、配合比

	W/B	水泥	细骨料	粗骨料	矿物外加剂	外加剂	水	加水时刻
1m³砼各材料用量/kg								
试拌用量 ___ L								
调整量/kg								
调整后的配合比/kg								

二、和易性、表观密度

检测依据		检测环境		检测日期		
主要仪器	台秤、混凝土搅拌机、坍落度仪、钢直尺、容量桶/5 L			搅拌方式		机械

坍落度测定	批次	坍落度/mm			坍落度保留值/mm			
		设计值	实测值	平均值	30 min	平均值	60 min	平均值
	第一批							
	第二批							

表观密度测定	批次	容量筒的容积 V/L	容量筒质量 m_1/kg	试样+容量筒质量 m_2/kg	表观密度 $\rho_{c,t}$/(kg·m^{-3}) $[\rho_{c,t}=1000(m_2-m_1)/V]$	
					单次值	平均值
	第一批					
	第二批					

三、硬化混凝土抗压、抗折强度

检测依据		检测环境		成型日期	
主要仪器	压力试验机、万能试验机、抗折试验装置			加荷速率	

试件编号	试压日期	试压龄期	试件尺寸/mm	破坏荷载/kN	强度/MPa				强度类别
					单块值	代表值	换算系数	换算后强度	
									抗压强度 f_{cu}
									抗折强度 f_f

检测：　　　　　记录：　　　　　复核：

14

砌筑砂浆物理力学性能检测记录表

样品名称		样品编号	
样品性状		取样日期	
取样部位		用　途	

一、和易性、表观密度

检测依据	JGJ/T 70—2009		检测环境			检测日期	
主要仪器	台秤、砂浆搅拌机、砂浆稠度仪、砂浆分层度仪、振实台					搅拌方式	机械

稠度测定	批次	沉入度/mm			在分层度仪中静置30 min 后,下层砂浆沉入度实测值 S_2/mm	分层度/mm $[\delta = S_1 - S_2]$	
		设计值	实测值 S_1	平均值		单次值	平均值
	第一批						
	第二批						

表观密度测定	批次	容量筒的容积 V/L	容量筒质量 m_1/kg	试样 + 容量筒质量 m_2/kg	表观密度 ρ_c/(kg·m^{-3}) $[\rho_c = 1000(m_2 - m_1)/V]$	
					单次值	平均值
	第一批					
	第二批					

二、硬化砂浆抗压强度

检测依据	JGJ/T 70—2009	检测环境		成型日期	
主要仪器	压力试验机			加荷速率	

试件编号	试压日期	试压龄期	试件尺寸/mm	破坏荷载 N_u/kN	抗压强度 $f_{m,cu}$/MPa			
					单块值	代表值	换算系数	换算强度

检测:　　　　　　计算:　　　　　　复核:

建筑钢筋力学与工艺性能检测报告

第1页共1页

委托单位		样品编号	
工程名称		报告编号	
样品牌号		检测依据	GB/T228.1—2010、GB/T232—2010
样品来源		取样日期	
出厂批号		检测日期	
代表批量		报告日期	
主要仪器	游标卡尺、液压万能试验机	使用部位	
公称直径/mm		公称截面积 S_0/mm^2	

	检测项目	标准规定值	检测结果 ①	检测结果 ②	单项结论
拉伸性能	实测直径/mm				
	屈服荷载 F_{eL}/kN				
	屈服强度/MPa $[R_{eL}=1000F_{eL}/S_0]$				
	最大荷载 F_m/kN				
	抗拉强度/MPa $[R_m=1000F_m/S_0]$				
	原始标距 L_0/mm				
	断后标距 L_u/mm				
	断后伸长率/% $[A=100(L_u-L_0)/L_0]$				
	断裂特征				
弯曲性能	试件编号		①	②	
	弯芯直径/mm				
	弯曲角度/(°)				
	弯曲结果				

结论：

检测：　　　复核：　　　审批：　　　试验室（盖章）：

声明：

1.对本检测报告有异议，请在15日内向我试验室提出；2.本检测报告未经我试验室同意不得部分复印（完整复印除外）；3.本检测报告除签名外如有手写内容或涂改均无效。

试验室地址：　　　　　　　　　联系电话：

16

砌墙砖/空心砌块抗压强度检测报告

委托单位					样品编号				
工程名称					报告编号				
样品名称					检测依据				
样品来源					取样日期				
出厂批号					检测日期				
代表批量					报告日期				
主要仪器	游标卡尺、钢直尺、液压万能试验机				使用部位				

试件编号	试件尺寸/mm			受压面积/mm²	破坏荷载/kN	抗压强度/MPa				
	长	宽	高			单块值 f_i	平均值 $\bar{f}$	最小值 f_{min}	变异系数 δ	标准值 f_K
①										
②										
③										
④										
⑤										
⑥										
⑦										
⑧										
⑨										
⑩										
标准规定值										

结论：

检测：　　　　　　　　记录：　　　　　　　　复核：

声明：

1.对本检测报告有异议，请在 15 日内向我试验室提出；2.本检测报告未经我试验室同意不得部分复印（完整复印除外）；3.本检测报告除签名外如有手写内容或涂改均无效。

试验室地址：　　　　　　　　　　　　　　联系电话：

石油沥青物理性能检测记录表

样品名称		样品编号	
牌号/型号		出厂批号	
样品性状		样品来源	
用　途		取样日期	

一、针入度

检测依据				检测环境	
主要仪器	针入度测定仪、恒温水槽			检测日期	

试件编号	检测水温 /℃	针入度测定值/(1/10 mm)	
		单次值	平均值
1			
2			
3			

二、软化点

检测依据				检测环境	
主要仪器	软化点测定仪、恒温水槽			检测日期	

试件编号	加热介质	介质初始温度/℃	升温速率/(℃·min^{-1})	软化点测定值/℃	
				单次值	平均值
1					
2					
3					
4					

三、延度

检测依据			检测环境	
主要仪器	延度仪、恒温水槽		检测日期	

试件编号	检测水温 /℃	拉伸速率 /(cm·min^{-1})	延度测定值/cm	
			单次值	平均值
1				
2				
3				

检测：　　　　　　记录：　　　　　　复核：

沥青混合料马歇尔试验记录表

混合料类型			样品编号		
沥青种类			试验依据	JTG E20—2011	
出厂批号			试验环境		
代表批量			试验方法	标准马歇尔试验	
样品性状			取样日期		
测力环编号			试验日期		
加荷速率	(50 ± 5) mm/min		测力环率定方程		
主要仪器			用途		

试件编号		1	2	3	4	5	6
试件直径/mm							
试件厚度 /mm	①						
	②						
	③						
	④						
	平均						
测力环百分表读数 (0.01 mm)							
稳定度 /kN	单值						
	平均						
流值 /mm	单值						
	平均						
马歇尔模数 $T = \dfrac{MS}{FL}$							

结论:

试验: 记录: 复核:

回弹法检测混凝土构件抗压强度检测记录

委托单位			
工程名称	砼类型	设计强度	记录编号
工程名称	构件名称	构件编号	检测依据 JGJ/T 23—2011
主要仪器 砼回弹仪、冲击钻、游标卡尺	检测环境	检测日期	检测日期

测区编号	测点回弹值 R_i																测区砼平均回弹值 R_m	检测方向/角度/检测面	修正后平均回弹值 R_m	测区碳化深度 d_m /mm	测区砼强度换算值 $f_{cu,i}^c$ /MPa
	1	2	3	4	5	6	7	8	9	10	11	12	13	14	15	16					
1																					
2																					
3																					
4																					
5																					
6																					
7																					
8																					
9																					
10																					

构件砼抗压强度平均值 $m_{f_{cu}}$ /MPa

$$\left[m_{f_{cu}}^c = \frac{\sum_{i=1}^{n} f_{cu,i}^c}{n} \right]$$

构件砼强度标准差 $S_{f_{cu}}$ /MPa

$$\left[S_{f_{cu}}^c = \sqrt{\frac{\sum_{i=1}^{n}(f_{cu,i}^c)^2 - n(m_{f_{cu}}^c)^2}{n-1}} \right]$$

构件砼抗压强度推定值 $f_{cu,e}$ /MPa

$$\left[f_{cu,e} = m_{f_{cu}}^c - 1.645 S_{f_{cu}}^c \right]$$

检测: 记录: 复核:

图书在版编目（CIP）数据

建筑材料检测实训指导书与实训报告／王四清主编.—长沙：
中南大学出版社，2013.5
ISBN 978－7－5487－0876－6

Ⅰ.建… Ⅱ.王… Ⅲ.建筑材料－检测 Ⅳ.TU502

中国版本图书馆 CIP 数据核字（2013）第 102574 号

建筑材料检测实训指导书与实训报告

王四清 主编

□责任编辑	周兴武
□责任印制	易红卫
□出版发行	中南大学出版社
	社址：长沙市麓山南路 邮编：410083
	发行科电话：0731－88876770 传真：0731－88710482
□印　装	长沙市宏发印刷有限公司

□开　本	787×1092　1/16　□印张 7　□字数 173 千字
□版　次	2013 年 6 月第 1 版　□印次　2019 年 9 月第 4 次印刷
□书　号	ISBN 978－7－5487－0876－6
□定　价	22.00 元

图书出现印装问题，请与经销商调换